U0363691

科学新经典文丛

# Undeniable:
## Evolution and the Science of Creation

# 无可否认

## 进化是什么

[美] 比尔 · 奈尔（Bill Nye）/ 著
[美] 科瑞 · S. 鲍威尔（Corey S. Powell）/ 编
王艳红 / 译

人 民 邮 电 出 版 社
北 京

图书在版编目（C I P）数据

无可否认 : 进化是什么 / (美) 奈尔 (Nye,B.) 著 ; (美) 鲍威尔 (Powell,C.S.) 编 ; 王艳红译. -- 北京 : 人民邮电出版社, 2016.5
（科学新经典文丛）
ISBN 978-7-115-41911-8

Ⅰ. ①无… Ⅱ. ①奈… ②鲍… ③王… Ⅲ. ①进化—研究 Ⅳ. ①Q11

中国版本图书馆CIP数据核字(2016)第051522号

## 版权声明



◆ 著　　　　[美] 比尔·奈尔（Bill Nye）
编　　　　[美] 科瑞·S. 鲍威尔（Corey S. Powell）
译　　　　王艳红
责任编辑　刘　朋
责任印制　彭志环
◆ 人民邮电出版社出版发行　　北京市丰台区成寿寺路 11 号
邮编　100164　　电子邮件　315@ptpress.com.cn
网址　http://www.ptpress.com.cn
北京隆昌伟业印刷有限公司印刷
◆ 开本：880×1230　1/32
印张：10　　　　2016 年 5 月第 1 版
字数：184 千字　　　　2016 年 5 月北京第 1 次印刷
著作权合同登记号：　图字：01-2015-2393 号

定价：45.00 元
读者服务热线：(010)81055410　印装质量热线：(010)81055316
反盗版热线：(010)81055315
广告经营许可证：京东工商广字第 8052 号

# 内容提要

进化论是现代生物学的基础，也是我们认识世界的重要工具，它远比我们当前所能理解的更为深刻。在本书中，畅销书作家、著名科学传播人比尔·奈尔先生以别具一格的幽默语言和不容争辩的事实，向我们阐述了有关进化的种种重大问题，比如进化是如何发生的，进化将如何进行下去，进化在新型农业和医疗卫生领域有何实用价值，转基因与人体克隆是怎么回事，进化论在寻找地外生命过程中如何发挥作用，等等。本书的重点在于用进化的思想来分析和解释现实生活中的现象和前沿问题，你的视野会因此而得到拓展。

献给学习科学的人们，无论年龄大小，

愿你们能享受不计其数的安全旅程

与科学发现的无穷喜悦。

# 编者的话

提及进化论，我们并不感到陌生。在孩童时期，当我们好奇地问我们从哪里来的时候，长辈大概会说我们都是从猴子变来的。天哪，我们是从这些毛茸茸的家伙变来的！这是多么不可思议，但既然长辈这样说，那肯定没错。同时，我们也许还会庆幸自己没有像猴子一样拖着一条长长的尾巴，或者担心是否哪天会长出这么一条尾巴来。稍微长大时，老师会告诉我们物竞天择、适者生存，还会告诉我们地球上的生命都是从共同的祖先繁育而来的。我们不难想象恐龙之所以灭绝是因为生存环境的缘故，也会认为进化是相当遥远的事情，早已结束，与己何干。

长大后，我们自然不满足于这么粗糙的答案。但其实这也不坏，幼年时不经意间在我们心田上播下的进化的种子，会让我们在进一步接受进化思想时容易许多。中国读者对于进化论的接受程度甚至比一些发达国家还要好上许多，对于这一点你可能有些意外。但是，进化究竟是怎么一回事？

目前国内出版过不少有关进化的图书，单是达尔文的《物种起源》就不下数十个版本。纵然人们常说《物种起源》至今仍是一本出色的、可读性极强的图书，但很多读者仍觉得枯燥而极少能耐着性子读完全书，更不用说多么深刻地理解进化思想以及运用这一强大理论来解释众多现实生活中的现象。

在这本书中，美国著名科学传播人比尔·奈尔先生用他那

独具一格的、看似漫不经意的幽默语言向我们介绍了有关进化的种种问题，他以无可争辩的事实阐述了进化思想的重大意义。他说："我们都知道进化的确在发生，因为人人都有父母……我们近距离目睹着遗传的效果，还直接体验着达尔文所说的'经过改变的继承'，即整个生物群体一代又一代变化的方式。"他又说："一旦你知道——一旦你看到进化怎样运作，生活中许多熟悉的领域都会呈现出新的重要意义……（而且）对于宇宙以及我们在其中的位置，能感受到一种更深切的欣赏。"他接着说："我们还每天在文化里体验着进化，大家都对别人感兴趣，这就是为什么会有路边咖啡馆、电视和八卦杂志……我们相互作用，为未来的时代制造出更多的人。"他接着说："进化论带我们走向未来。作为生物学的基石，进化论提出了一些事关新型农业和医疗技术的重大问题。我们是否应该对更多的食物进行基因改造？是否应该研究克隆和基因工程以改善人类健康？脱离了进化论的语境，这些话题毫无意义……在地球以外寻找生命时，要寻找什么、去哪里寻找，整个思路都将由我们对进化的理解来指导，相关发现将有着极为深远的意义。"对于打算了解进化知识的读者来说，本书不失为一本合适的读物。书中不仅没有充斥着枯燥晦涩的生物学术语，而且可谓妙趣横生、引人入胜，更难得的是并未局限于纯粹生物学领域，而是试图用进化的思想来分析和解释众多现实问题和前沿问题，所涉及范围之广泛以及思想之深刻更会使其成为一本经典读物。在这个意义上来说，本书更是一本具有普适性的科学读物。

进化是科学史上最重要、最强有力的思想之一，它描绘并解释了地球上所有的生命现象。而且，进化论本身也在进化，在不断完善和发展，其中许多激动人心的领域和结果都是新近才出现的。更重要的是，进化思想早已超越生物学的范畴，时至今日已在社会学和人类学领域显示了其巨大的理论价值。英国著名量子物理学家戴维•多伊奇在《无穷的开始：世界进步的本源》中将进化论与量子物理、计算理论和知识论并列为人类当代最伟大的四大理论，并综合运用这四大理论来解释现实世界的运作，为我们认识生活在其中的世界打开了一扇新的窗户。

我们从哪里来？我们在宇宙中孤独吗？让我们跟随比尔•奈尔先生一起去寻找答案吧。

# 译者序

“科学人比尔·奈尔”，一位曾在波音公司造飞机的工程师，转行成为科普电视节目主持人，担任着行星学会会长，写了一本关于进化论的书，就是这本《无可否认：进化是什么》。

行星学会是一个致力于推进太空探索的科学组织，其创始人卡尔·萨根是美国著名天文学家、科学教育家，也是本书作者在康奈尔大学时期的老师。译者极其喜爱萨根的著作，因而在发现奈尔与他的渊源之后，对于接下本书的翻译工作感到意外欣喜。

当然两人的文字风格并不相似。相比于萨根的诗意，奈尔较为诙谐。他的主打作品《科学人比尔·奈尔》以青少年为目标受众，喜剧色彩是这个电视系列片广受欢迎的一个重要原因。这个特点在本书中也有体现，只是译者水平有限，不少地方无法表现出原文让读者会心一笑的效果。但即便如此，读者应该仍能从书中感受到奈尔展演科学的艺术技巧。

进化是公众理解现代科学体系的最佳切入点，或许没有之一。这个庞大的题材绝不仅仅是哪只猿变成了人的技术问题，它关系到公众对科学方法的理解、对人类在世间万物中位置的认知以及对科学事业的态度，进而影响着社会的未来。如奈尔

在书中所说，攻击进化论意味着压制人类基本的好奇心，妨碍进步，并使人错失探索世界、取得发现的激动与喜悦。

奈尔希望阻止神创论者用他们的荒唐观点影响青少年，“如果不是涉及孩子们，这本来也没什么要紧”。全书分为37章，涵盖了进化论的诸多重大基本问题，诸如自然选择、性选择、红后理论、生物多样性、间断平衡、利他主义的生物学基础、智能设计论的漏洞，等等。这些术语也许看起来令人生畏，但奈尔的阐释清晰简洁、富有趣味、易于亲近，很适合他希望影响的青少年，当然也值得任何对进化论有兴趣的成年人阅读。如果有生硬晦涩之处，都是译者的责任。

王艳红

# 目　录

# 1 我、你、进化

我觉得这一切是从蜜蜂开始的。当时我大概 7 岁，成天观察蜜蜂。那个星期天，我在《华盛顿邮报》上读到《李普利[1]的信不信由你》专栏，里面说："从大小、形状和翼展来看，熊蜂[2]不适应空气动力学——它应该不会飞！"这可真让人郁闷，它们明明在飞嘛。我被其中的细节吸引住了。熊蜂的翅膀看上去像个装饰品，并不比商店里卖的礼物蝴蝶结更有用。我仔细观察了妈妈的杜鹃花，里面有那么多精巧的部件，可蜜蜂就是有办法钻进去，装满它们的花粉篮[3]，然后飞走，就这样循环往复。

[1] 罗伯特 • 李普利（1890—1949），美国漫画家，《李普利的信不信由你》漫画专栏是其代表作，介绍世界各地的奇闻逸事，并衍生出同名广播和电视节目。——译注

[2] 熊蜂属于蜜蜂科熊蜂属，因此下文也称其为蜜蜂。——译注

[3] 工蜂后足上的器官，一道凹槽周围长满向内弯曲的刚毛，形成容器。——译注

蜜蜂是怎样学会这些的？它们从哪里来？花儿又从哪里来？再想想看，人类又从哪里来？为什么李普利会犯这么明显的错误？某种比我自身要广大得多的东西吸引了我。了解自然，了解我们怎样适应自然，这样的渴望深植于所有人心中。当我了解到进化和自然选择导致的遗传之后，这些问题的答案就明晰起来。

我们都知道进化的确在发生，因为人人都有父母。许多人已经有了孩子，或者将来会有孩子。我们近距离目睹着遗传的效果，还直接体验着查尔斯•达尔文所说的“经过改变的继承”，即整个生物群体一代又一代变化的方式。想想农田里种植的作物吧，在大约12000年时间里，人类利用进化现象，通过人工选择过程对植物进行改造。在小麦种植和赛马饲养领域，我们称这个过程为育种。达尔文认识到，动物和植物的育种（以及驯化）过程与在进化中自然地发生的过程是同一个，只不过在人类帮助下加快了。这个自然过程产生了你和我。

一旦你知道——一旦你看到进化怎样运作，生活中许多熟悉的领域都会呈现出新的重要意义。狗鼻子亲昵的磨蹭，蚊子烦人的叮咬，还有一年一度的流感疫苗接种，所有这些都是进化的直接产物。我希望，你在读这本书时，对于宇宙以及我们在其中的位置，能感受到一种更为深切的欣赏。我们是数十亿年宇宙事件的产物，这些事件创造出了我们生活的这颗舒适、宜居的星球。

我们还每天在文化里体验着进化。大家都对别人感兴趣，这就是为什么会有路边咖啡馆、电视和八卦杂志。我们相互作用，为未来的世代制造出更多的人。人们对自己的身体感兴趣。打开电视机，随便调到什么频道。如果放的是面向年轻人的音乐节目，就会有让你看上去健康的护肤品广告，改变你天然体味的脱臭剂广告，让你在潜在配偶眼中更有魅力的美发和化妆用品广告。如果是正统的新闻频道，就会有改善呼吸和骨骼的广告，当然还有增强性能力的广告。如果我们不是进化制造出来的会走路、会说话的产物，所有这些商品都不会出现。

我们全都如此相似，因为我们全都是人。但情况远远不止于此。据我们所知，地球上所有物种的内部化学机制都是一样的。我们都是一位共同祖先的后代。塑造我们的力量和因素，与影响所有其他生物的力量和因素是一样的，但我们成为了某种特殊的存在。在地球上约 1600 万个物种里，只有我们能理解这个创造我们的过程。不管你怎么看待，进化都是激动人心的。

尽管如此，世界上很多地方的很多人还是拒绝或敌视进化理念，其中甚至包括发达国家的一些受过很好教育的人。连在美国宾夕法尼亚州和肯塔基州这样的地方[1]，进化的理念在很多人看来都让人无法忍受、令人迷惑、可怕甚至危险。我可以理解其中的原因。进化是一个宏大的过程，它在几十亿年的时间里于世界各地发生，人类的寿命与这段时间比起来太过短暂

[1] 2004年，宾夕法尼亚州某公立学校要求教师在讲授进化论之前向学生声明智能设计论能取代进化论，引发了一场著名的诉讼。肯塔基州建有神创论博物馆，本书第2章详细介绍了作者与博物馆发起人的相关辩论。——译注

了，而且它会让人感觉卑微。随着深入了解进化，我认识到，从自然的角度看，你和我都不算什么。人类只是这颗行星上想要表现出色的一个物种，努力将自己的基因流传下去，跟菊花、麝鼠、水母、毒葛……还有大黄蜂一样。

许多为进化论所困扰的人希望阻止在学校传授“通过自然选择的遗传”这个概念。还有的人向已被确认的、支持进化论的科学提出质疑，希望能够驳倒或削弱进化论。得克萨斯州、路易斯安那州和田纳西州的教育标准允许传授替代进化论的虚假理论。对于那些支持此类课程的人，尽管科学和工程在许多方面充实了他们的生活（从自来水和充足的食物到电视机和互联网等一切），但他们仍然拒绝接受进化论，因为它会提醒我们所有的人，人类在世间万物中可能没有那么特殊，其他物种所经历的一切，我们同样要经历。

我一直在提醒人们去认识这其中的利害关系。我们理解进化的途径，与给我们带来印刷机、脊髓灰质炎疫苗和智能手机的途径是同一种科学方法。正如质量和运动是物理学的基本概念、板块运动是地质学的基本概念之一，进化是所有生命科学的唯一基本概念。进化论在农业、环境保护、医学和公共卫生方面有着重要的实际应用。否认进化论的人会让大家做什么？难道要我们无视所有那些让这个技术驱动的世界得以成为现实的科学发现，包括轮植农作物、抽水、发电和转播棒球比赛的能力？

神学对进化论的反对意见也是站不住脚的。自达尔文于

1859年发表《物种起源》以来，在过去一个半世纪里，许多人认为进化论与他们的宗教信仰冲突。与此同时，世界上许多拥有坚定宗教信仰的人觉得，他们的信念与对进化的科学理解之间并无冲突。所以说，否认进化论的人不仅是在怀疑科学和非宗教信徒，也无视了全世界数以十亿计的、认为进化与信仰不冲突的宗教信徒，认为他们的意见毫无价值。

我承认，进化的发现的确令人感觉卑微，但它也赋予我们更强大的能力。它改变了人类与其他生物的关系，我们不是自然运作的旁观者，而是参与者，是这个过程中的一部分，是大自然用数十亿年研发出的精妙产物。

坦白地说，我并不太关心那些否认进化论的人，而更关心他们的孩子。如果不运用科学，我们就无法应对人类当今面临的问题。这其中既包括科学知识本身，也包括科学的过程，后者更加重要。我们要通过科学才能了解自然，以及人类在自然中的位置。

就像许多有用的科学理论一样，进化论使我们能够预测在自然界里能观察到什么现象。由于进化论是在19世纪提出的，它本身也在进化，我指的是完善和扩展。进化论某些最激动人心的领域和结果是新近才出现的，这与神创论截然不同。后者提供的是一个静态的世界观，不可用理性去质疑或检验；而且神创论不能作出预测，它也就不能带来新发现、新药物以及养活人类的新方法。

进化论带我们走向未来。作为生物学的基石，进化论提出

了一些事关新兴农业和医疗技术的重大问题。我们是否应该对更多食物进行基因改造？是否应该研究克隆和基因工程以改善人类健康？脱离了进化论的语境，这些话题就毫无意义。身为一名成长在美国的工程师，我认为，对进化论的攻击（实际上是对整个科学体系的攻击）远不止是一个学术问题，对我来说这就是私人恩怨。我强烈认为，我们需要今天的年轻人成为明天的科学家和工程师，使我的祖国美国能在发现和创新方面保持世界领先。如果在这个国家压制科学，将会有大麻烦。

进化论还带我们回到过去，提供了一个强有力的例证，展示了通过合作和积累来取得伟大科学发现的方法。在某种意义上，进化论可追溯到希腊哲学家阿那克西曼德[1]。公元前6世纪，他在观察化石后猜测，生命起源于海洋中像鱼的动物。他没有提出理论说明为什么一个物种能发展出另一个物种，也没有解释地球为何有着如此丰富的生物多样性。在此后2000年里，都没有人能解释。最终，进化的机制由两个人几乎同时发现：查尔斯·达尔文和阿尔弗雷德·华莱士。

你大概经常听说达尔文，但没怎么听说过华莱士。他是一位博物学家，花了大量时间进行田野研究，收集植物和动物标本。他去过亚马孙河盆地，还有今天的马来西亚。通过大范围的实地考察以及广泛的思考，华莱士独立提出了进化论，并描述了进化过程的一个重要方面，如今人们通常称之为“华莱士效应”。华莱士认识到，人类只是广大生物世界的一员。他在

[1] 米利都的阿那克西曼德（约公元前610—前546）。——译注

1869 年出版的《马来群岛自然科学考察记》中说："……树木和水果，种类之丰富不逊于动物，看起来并非专为人类使用和便利而生……"在维多利亚时代的英格兰，这样一个观点至少是有争议的。

达尔文起步更早。1831 年，22 岁的达尔文乘坐贝格尔号[1]出海，他是一个精力充沛、前途光明的年轻人，此时华莱士只有 8 岁。达尔文认识到，如果人类能将狼驯化为狗，同样的自然过程必定也能创造出新物种。他还看到，种群内个体数量的增长不是无限的，因为生存环境中的资源始终有限。达尔文观察到，生物繁殖出的后代数量总是比能够生存下来的后代数量更多，从而将上述观念联系起来。个体在自身的生态系统里为资源而竞争，那些生来具有或后天发展出有利变异的个体的生存机会比其兄弟姐妹更高。他认识到，如果任其发展，自然选择过程将创造出种类极其繁多的生物，就是他观察着的这些。

同行们发现两位科学家的观点殊途同归，就安排华莱士和达尔文在 1858 年伦敦林奈学会[2]的一次会议上共同发表了一篇论文。这篇论文的基础是华莱士写给达尔文的一封信，还有达尔文在 1842 年写的一篇文章的摘要。当时的参会者都没有立刻认识到此事的革命性影响。林奈学会会长托马斯·贝尔有

[1] 贝格尔号，又译作小猎犬号、猎兔犬号，是英国皇家海军的一艘帆船，达尔文于1831年担任随船博物学家，参与了5年的航行。此次旅行期间对世界各地生物的观察，是达尔文提出自然选择理论的基础。——译注

[2] 林奈学会，创立于1788年，研究生物分类学，得名于瑞典博物学家、现代生物分类学之父卡尔·林奈。——译注

那么一件不大光彩的事，他报告说这一年没有任何重大科学突破："刚刚过去的这一年实在没有任何惊人的发现，比如说能够立刻给他们所在的科学领域带来革命的发现……"

《物种起源》在 1859 年的出版引起了轰动，证明贝尔会长错得离谱。它还使达尔文的名声远超华莱士，跟现在一样。他清晰表述进化理论的能力，如今看来依然令人震撼。在一个半世纪之后的今天，《物种起源》仍是一本出色的、可读性极强的书，很容易找到精装、平装和在线读物等各种版本。在这本书中，达尔文列举了许多进化的例证，并解释了进化发生的方式，集事实与原理于一体。

进化是科学史上出现的最强有力、最重要的思想之一。它描绘了地球上所有的生命。它描绘了内部成员为资源而互相竞争的所有系统，不管这些成员是你体内的微生物、一片雨林里的树木还是一台计算机里的软件。它也是人类迄今发现的最合理的创世故事。不同宗教就创世观念产生分歧时，它们除了争论之外无事可做。两位科学家就进化产生分歧时，他们与同行探讨、创立理论、搜集证据，达成更完善的共识。每个问题都会带来新答案、新发现以及更巧妙的新问题。进化的科学与自然本身一样开阔。

进化非常有助于回答童年的我——以及现在的我——头脑中的终极问题："我们从哪里来？"它还有助于理解我们全都会问的一个相关问题："我们在宇宙中孤独吗？"如今，天文学家们不断发现围绕遥远恒星运转的行星、条件可能适合生命存在的行星。我们的机器人在火星上勘察，寻找水和生命的迹象。我们在计划一项任务，研究木卫二的海洋，这颗木星卫星拥有的海水量是地球海洋的两倍。在地球以外寻找生命时，要寻找什么、去哪里寻找，整个思路都将由我们对进化的理解来指导，相关发现将有着极为深远的意义。证明另一个世界里存在生命，无疑将改变我们这个世界。

进化的伟大问题使我们显露出自己最美好的一面：我们无穷无尽的好奇心，以及无穷无尽的探索能力。无论如何，进化造就了我们。

# 2　神创论大辩论

有些读者或许笃信宗教，欢迎你们。我非常希望你们能看完这一章，其内容是我与肯塔基州一位神创论者的辩论，正是这场辩论在多方面促使我动笔写这本书。我们争论的问题是，神创论是不是……呃，一切事物的“可行”（公认的含义）解释。强调一下，我不会贬低任何人的宗教信仰。我没有谈及任何与《圣经》有关的东西，不引述拿撒勒的耶稣的话，但我当时确实——现在也是——很关注“地球非常年轻”这种不同寻常的说法，该观点不仅与进化论冲突，还对公众理解科学造成整体冲击。

有几千个人花几百万美元来推介他们的观念，并不是什么稀罕事。许多非营利团体就是这样做的，包括关注全球问题科学家联盟、全美科学教育中心，还有我所在的行星学会。这类做法也影响着政府制定政策并付诸法律。然而在神创论方面，一些非营利团体致力于向学习科学的学生灌输他们的核心理念：有科学证据支持《圣经》第一章中关于地球只有 6000 年或 8000 年历史（具体数字取决于他们的阐释）的主张。这样的理念十分可笑，要不是这些团体的政治影响，本来很容易摒弃。总而言之，神创论团体拒绝承认进化描述了生命真相。他们不单单是不懂进化怎样造就了恐龙等，而是更进一步否认进化的存在，完全不管进化正在发生。他们要世界上所有人都相信他们的观点，包括你和我。

这样否定进化论，本质上是说，你不应该对世界有好奇心，而且你的常识是错的。这种对理性的攻击是对我们所有人的攻击。接受这个荒唐观点的学生们会反对进步，会成为社会的累赘而不是做出贡献，我觉得这种前景糟糕透了。不仅如此，这些孩子还将永远无法感受到科学发现所带来的惊喜。他们将不得不压制人类基本的好奇心，而正是好奇心使人们提出问题、探索周围的世界、取得发现。他们将错失无数激动人心的冒险历程，无从了解对自身所在世界的根本知识，无从体验与之相伴的喜悦。这让我非常难过。

我在一个叫作 BigThink.com 的网站上表达了我对美国经济前景的担忧之后，得到了写这本书的机会。我当时指出，如果没有年轻人进入科学尤其是工程领域，美国将落后于那些向孩子传授真科学而不是神创论伪科学的国家。随后，一位出生于澳大利亚的福音教派领袖肯 • 汉姆向我发出辩论的挑战。此人曾督造一幢了不起的建筑，名为肯塔基神创论博物馆，他所属的组织名为“答案尽在创世记中”。肯·汉姆声称，他对于《圣经》的阐释比许多学科的基本事实更为正确，其中包括地质学、天文学、生物学、物理学、化学、数学，尤其是进化论。

仔细考虑了几个月之后，我同意去神创论博物馆与这家伙短兵相接。我之所以选择参加这场辩论，是为了提醒人们关注神创论运动及其社会危害，它会妨碍我们应对诸如人口爆炸引发的能源危机之类的重大科学挑战。我的这位对手除了有其他离谱主张之外，还认为不应该关注气候变化，这一点可能并不让人意外。

在现场，我俩向观众阐述各自的观点。汉姆先生先发言，他没完没了地重复着两个故弄玄虚的词：“观察的科学”和“历史的科学”。他说，你活着的时候发生的、你所看到的事，与你出生之前发生的事是不一样的。对他而言，化石体现的事物都有可疑之处，天文观测也根本不重要，因为星星的年龄比任何能看到星星的人更老，也许是某位恶作剧的神在一瞬间把它们全都摆好了。这么奥威尔式地运用“科学”这个词，实在令人不安。身为一位科学教育工作者，我还认为这种做法极度不负责任。

轮到我的时候，我仔细探究了汉姆先生关于诺亚大洪水的观点，就是说古代发生过一场大洪水，我们如今所看到的动物全都是诺亚和他的家人用一艘大船救下来的动物的后代，这艘船就是圣经神话里的方舟。顺便说，《圣经》和汉姆先生都没有谈及这一事件中地表植物的命运。

我从地层（即地壳岩石的分层）谈起，忍不住向大家指出，神创论博物馆就坐落在年龄数以百万年计的石灰岩岩层上。著名的猛犸洞[1]就在肯塔基州，离此地不远。在去那里参观的路上，就在 69 号州际公路旁边，我轻而易举地找到了一小块石灰岩，上面可以清晰地看到一只小小的带壳古代海洋生物的化石。我还给观众展示了大峡谷[2]的照片，包括著名的莫夫石灰岩、比欧特庙混合岩层和红墙石灰岩，它们分别有 5.05 亿年、3.85 亿年和 3.40 亿年历史。引人注目的是，它们的外观差别很大。很显然，这 3 种颜色大不相同的沉积岩是在 3 个不同时期形成的。

我阐述了一个重要的古生物学论点：每个地层中都有着该时期特有的化石。三叶虫之类远古生物的印记出现在最下方的地层里，古代哺乳动物之类的晚近生物发现于最上方的地层，生活时期介于两者之间的生物则位于中间地层。一个地层里的化石从来不会游到上方地层里，从来没有这样的例证。如果曾经发生过大洪水、所有生物同时被淹死，我们应该会找到向上游着逃生的生物，但在地球上任何地方的任何地层中都没有发现过这样的例证。如果你找到一个，就会扭转科学，变成名人。相信我，人们都期待着你的新发现。

在演讲开始阶段，我谈到了冰芯，它们是科研人员从冰盖（尤其是格陵兰和南极的冰盖）中钻取的长圆柱形的冰柱，有的雪

[1] 猛犸洞，位于美国猛犸洞国家公园，是世界上已知的最大溶洞，探明部分全长约为640千米。——译注

[2] 即科罗拉多大峡谷，位于美国亚利桑那州，由科罗拉多河冲蚀而成，平均深度达1200米。——译注

冰样本有 68 万层。每年都会有一层雪落下，然后被此后年份落下的雪压实。我问大家，如果不曾有过 68 万个降雪季节（换句话说就是 68 万年），怎么会有 68 万层？根据汉姆的自然史，每年（地球每绕太阳转一圈）要有 170 轮冬夏季节交替，这是不可能的。

你知道在美国西部有一些超过 6000 岁的刺果松吗？像神创论中诺亚大洪水故事所说的那样把树在水里浸泡一年，它就会死掉。而在瑞典有一棵名叫老吉克欧的树，明显有 9550 岁了。我在想（显然大多数网上观众都这么想）：大声疾呼的汉姆先生，你到底生活在一个什么样的古怪世界里啊？如果一棵树有 9000 岁，地球就不可能是 6000 岁，如此种种。

身为数学爱好者，我觉得有一件事非常有趣：汉姆先生宣称诺亚方舟上有 7000 种动物，而现存生物约有 1600 万种（这是我根据最近的生物学调查做出的一个非常保守的估计）。要从 4000 年前的 7000 种增加到今天的 1600 万种，我们得每天发现 11 个新物种。不是每年！也不是 11 只动物！是每天识别出 11 个新的物种！这是一个乘除法问题，算起来不难，却很难推翻。

我还向观众指出了另一件有趣的事。主张地球很年轻的神创论观点声称，袋鼠来自方舟，据认为这艘大船安全地搁浅在现今土耳其的亚拉腊山上。这是一座雄伟的高峰——海拔 5165 米，山顶被冰雪覆盖，我不太明白那些动物和人是怎样完成了下山的艰难旅程。两只袋鼠也应该是自己下山的，从那里一路跑着或跳着到了澳大利亚，而且一路上都没有人看到它们[1]。更何况，如果它们这趟旅程所用的时间合理，路上必然会有袋鼠幼仔出生和成年袋鼠死亡，那么在如今的老挝或中国西藏地区就会有袋鼠化石。此外，袋鼠们还应当经过了一条从欧亚大陆到澳大利亚的陆桥。但并无证据表明有这么一座桥或这样的化石存在，一点也没有。

说到方舟本身，我指出，新英格兰技艺精湛的造船工人建造了怀俄明号，它是一艘六桅的木制高桅横帆船，长度超过100米，以木船的标准而言非常巨大。神创论者想象中的方舟据说有167米长，能装下1.4万只动物和8个人。现实中的怀俄明号有14名船员，尽管建造它的人是1909年世界一流的造船者，他们也无法克服木料固有的弹性。在波涛汹涌的大海上，怀俄明号发生了扭曲，船体出现了无法控制的裂缝，它沉没了，船员全部遇难。如果现代世界上最好的技艺都无法造出一条适合航海的大船，有什么理由认为8个缺乏专门技能的古代人能做到？

我指出，华盛顿特区的国家动物园在66公顷的土地上养了约400种动物。为了让这些奇妙的生物保持健康，动物园工作人员们夜以继日地勤奋工作。8个缺乏专门技能的古代人怎么会有本事让1.4万只动物好好活着？我可不觉得他们能做到。

---

[1] 根据《圣经》，上帝要求诺亚把每种动物都带两只进方舟，雌雄各一。——译注

我讲到了美国太平洋西北地区[1]高速公路沿途壮观的卵形巨石，它们是古代冰坝周期性地从如今蒙大拿所在地区退去时，由洪水冲刷而来的。如果曾经发生过世界性的大洪水，较重的石头像汉姆先生等人断言的那样沉了下去，这些卵形巨石为什么位于地面上而不是在土里？好吧，它们不该在那里，可它们确实在那里。所以说，神创论者搞错了他们所在的世界的自然历史。

我还讲到了所有科学理论的关键特征：必须能用于预测。我简单讲了著名的提塔利克鱼（即四足鱼，从鱼到四足陆生动物的过渡阶段）的故事，人们预测它的化石应当存在于泥盆纪某些特定类型的沼泽中。勤奋的芝加哥大学教授尼尔·苏宾率领的科学家在加拿大东北部发现了这么一个化石沼泽，去那里找到了提塔利克鱼。想想看，人们猜测一只古代的动物曾经存在过，研究者弄清了它应该生活在哪里，并且去实地证明了这一点。多奇妙啊！

我还以现代墨西哥大肚鱼的繁殖策略为例，说明科学理论可用于预测。在必要的时候，大肚鱼会无性繁殖，这种情况下其后代更容易被黑斑寄生虫感染，原因是它们的基因多样性更低。这种性别策略正是进化论的一个分支理论——红后理论所预测的，该理论让我非常着迷。在红王后的虚构世界里，刘易

[1] 太平洋西北地区是指西起太平洋沿岸、东至洛基山脉的区域，包括美国西北部和加拿大西南部。——译注

斯•卡罗尔笔下的爱丽丝必须不停地跑[1]。据认为进化也是这样运作的：如果你停止奔跑、停止混合基因，你就会从生命的跑步机上摔下去，王后会抛下你。后面我会用一整章来深入讨论这一观点。

我跟诺贝尔奖获得者、天文学家罗伯特•威尔逊见过面，因而乐于向观众提到他与阿诺•彭齐亚斯关于宇宙微波背景辐射的发现。他俩在 20 世纪 60 年代发现整个天空在闪烁，跟研究大爆炸理论的宇宙学家们预测的一样。我问大家，如果地球只有 6000 岁，我们怎么能观察到离我们超过 6000 光年的恒星？那么远的地方发出的光，我们应该根本看不到，除非自然规律暂时失效。为什么我们能在各个方向上看到比这远得多的恒星和星系？如果存在一位大能者，它（她或他）为什么要这样捉弄我们？

肯•汉姆没有回应以上任何问题，只是反复说他有"一本书"，他对这本书的诠释胜过我们能在自然界中观察到的一切。我指出，对于任何以开放头脑和好奇心审视世界的人来说，他对那本书的诠释都是讲不通的，那狭窄的世界观与世界上许多宗教领袖的观点完全不一致。最后，为了紧扣主旨，我提醒观众，美国宪法第一条第八款规定，国会有一项职责是"促进科学和实用技艺的进步"。

---

[1] 在刘易斯•卡罗尔的《爱丽丝镜中奇遇记》里，红王后对爱丽丝说："为了留在原地，你必须拼命地跑。"参见第9章《红王后的故事》。——译注

我们所有人——父母，科学家，每个人——都有一项职责，那就是帮助教育下一代，使他们在生活中获得成功，把世界变得更美好。我在准备辩论期间看了汉姆先生的几个视频，注意到了他对年轻人的抱怨，特别是抱怨年轻人离开他的团体。听了他一个多小时的独白之后，我觉得他的话对年轻人来说很难听得进去。

神创论者迎难而上，想办法尽可能地孤立他们的孩子，拼命灌输地球只有 6000 岁的观念，使他们长大后尽可能地接受这个观念，不管另外看到什么和听到什么。但他们所有人在接受现代信息技术、医药和食品体系方面毫无困难，正是这些东西让他们能够进行他们那不一般的事业。就像我经常说的那样，如果不是涉及孩子们，这本来也没什么要紧。

当晚的高潮是由观众提出的一个问题带动的。有人问："需要什么东西才能让你改变世界观？"我的答案很简单：任何一点证据都可以。如果我们发现某只化石动物在大峡谷的岩层之间游泳，或发现某种过程能使某种放射性物质的大部分中子在短时间内变成质子，或发现某种方法能每天造出 11 个物种，或者发现星光有什么方法不以光速传播到地球，都将迫使我和所有其他科学家都以新的方式看待世界。然而，人们没有发现过这类反面证据，从来没有，一点也没有。

汉姆先生回应说，没有什么东西能让他改变想法，他有一本书，并且相信自然科学提出的所有问题的全部答案都在这本书里。任何证据都改变不了他的想法，永远不能，什么也不能。

想想看，如果是这个人或者他的追随者在陪审团里，一旦他们拿定主意，不管是辩方律师还是控方律师就都没有什么发挥余地了。什么证据都动摇不了这些陪审员，他们会拒绝用头脑来审视证据是否过硬，连最基本的严肃思考技能都不运用。我猜他们会很有礼貌地坐着，但证据对他们毫无意义。这种情形实在糟糕，法律的准则会遭到无视。这些人会把自己排除在社会之外——实际上现在就是这么干的，他们不想参与社会。我希望所有人都考虑一下，这种思考的方式——或者说不思考的方式——可能带来什么样的后果。如果进行选民能力测试，这些人能得几分？

作为一个利他主义的人类（这一点来自于我的进化遗产），我有点为神创论者难过。他们错过了科学的精彩历程，错过了科学揭示这么多自然奥秘的能力。我为他们的孩子难过。此外，我为我们所有的人感到难过：我们是怎么搞的，竟然让一种抵制探索的意识形态在我们的社会里占据了如此突出的地位？我们又是怎样把那么多人排除在知识之外的？那可是祖先们做出重大牺牲才得到的知识啊！也许在今后几十年里，我们能改变这种状况，把所有人——不止是职业科学家、工程师和教育工作者，还包括非科学和专业领域的人士——都纳入其中。也许，通过赞美进化论，我们能解放思想，解放人类巨大潜力中更多的部分。

我想在场的每位观众都有能力沿着我在这半小时讲座中所说的思路理性地思考下去，尽管他们当中有一部分人会抗拒这样做（美国公众里有相当比例的人也会抗拒这样做）。我当然觉得肯·汉姆也有能力做到。只不过，如果事情涉及进化，特别是涉及这么一种与进化论相关的认识——我们在宇宙中全都只是渺小的微尘，汉姆和他的追随者们就没法接受现实。他们抛弃了常识，宁愿相信有什么存在，能让他们不用思考。具有讽刺意味的是，他们在这个过程中舍弃了一种能力，而正是这种能力让人类能够了解自己是谁、从何而来、在恢宏宇宙中处于什么地位。如果我们的天性中有某种神圣之处、某种使人类有别于其他所有生物的东西，理性思考能力必定是其中的一部分。

包括肯·汉姆、他的追随者、我自己以及其他所有人在内，我们都是同一种进化过程的产物。希望我们能共同努力，将神创论“牧羊人”的羊群的孩子们引向一种更开明、更少束缚的思维方式，去思考周围的世界。

# 3　神创论与热力学第二定律

神创论阵营里不止是有肯·汉姆和他的“答案尽在创世记中”团体成员。这些年来，我从不同的人那里听到过许多反对进化论的观点，这些人认为进化论在宗教、感情或哲学方面令人反感。此类争议最后往往归结为简单粗暴的怀疑论：“它不可能是正确的，因为我很难相信它是正确的。”但有时候神创论者会选择一条更有趣的、受到科学启发的进攻路线，坚称进化在物理上不可能发生，因为任何系统都不可能随着时间推移自然而然地变得更复杂。具体一点说，他们声称进化违背了一条最坚实的科学原理——热力学第二定律。

通俗地讲，热力学第二定律是这样的：只要有机会，球就会滚下山，而不会自动滚上山。换句话说，能量倾向于散逸，热量会散失，比如湖泊绝不会在温暖的夏日自发结冰。神创论者似乎认为，自从先祖亚当和夏娃把事情搞砸了而导致人类堕落[1]以来，人类就一直走在下坡路上。神创论者听说了热力学第二定律之后就说："啊哈！看哪，整个世界就是一台正在松弛下来的机器——一切都会灭亡。"

顺便说一句，请放心，热力学第一定律和第三定律也是存在的，甚至还有第零定律呢。虽然它们各有各的酷，却没有出现在神创论者的谩骂里。

诚然，热力学第二定律的确对这个世界总体上的松弛颇有贡献。它解释了为什么永动机造不出来。在任何机器里，总会有能量损耗成为热。要让什么东西动起来、什么事情发生，不会有免费的午餐。下面这段引文来自 20 世纪著名天文学家亚瑟·斯坦利·爱丁顿，它无可反驳：

"我认为，熵永远增加的定律（即热力学第二定律）在自然定律中占有至高无上的地位。假如有人向你指出，你得意的宇宙理论与麦克斯韦方程不一致，那么对麦克斯韦方程而言更坏的事情也不过如此。假如你的理论被发现与观测结果互相矛盾，那好，实验者有时候会出错。但是，如果发现你的理论与热力学第二定律对立，那我不能给你任何希望，它只有彻底垮台，别无出路。"

要理解爱丁顿的意思，你用不着知道麦克斯韦方程组是啥，也不用在意。（不过如你所知，它是描述光、电和磁的性质的一

[1] 人类堕落，指《圣经·创世记》里亚当和夏娃被蛇诱惑而堕落，违背上帝的禁令吃了能分辨善恶的智慧之果，因而被逐出乐园，并使整个人类负有原罪。——译注

组方程。）其核心理念在于，热力学第二定律从数学上描述了任何系统都会损失能量到周围环境中，这是自然运作的根本方式。由于能量在恒定、持续地散逸，一切事物都会放缓直至停止。你大概能看出来，神创论者为何认为第二定律不容许进化给生命增添复杂性。如果一个生命系统的所有动力都在不断变得稀薄、散逸进宇宙的茫茫黑暗之中，它怎么可能变得有序？

身为一名学过许多物理课的机械工程师，我觉得神创论的这个观点非常有意思，它有着科学的狡猾，并且完全是在误导。最重要的一点是：第二定律只适用于封闭系统，例如汽车发动机里的汽缸。地球根本不是封闭系统，物质和能量的传输一直在进行。地球生命当然不是永动机，但也绝不是无情地滚下山的球。

地球生命有 3 个主要的能量来源：太阳、地球内部原子裂变产生的热以及地球本身的原始自转。这些来源持续提供着能量，其中太阳占主要部分，它是一个功率为 $10^{26}$ 瓦（每秒释放 $10^{26}$ 焦的能量）的核聚变反应堆；地核也以热的形式提供能量；我们行星的自转不断调整能量输入，给风和海浪提供加速度。如你所见，我们生活的世界远远不是一个封闭系统，世界上所有的生态系统归结起来都依靠持续的外部光源和热源运转。太阳向地球倾泻能量已超过 45 亿年。从阿米巴变形虫到水杉，所有生物都必须找到利用这些能量的最佳方式，否则就会被其他效率更高的生物在竞争中击败。

热力学第二定律设下了边界，它是我们必须遵从的规则。

从能量开始学习进化，是理解生命的一条很好的途径。生物用这些能量来干什么？用来驱动服从热力学第二定律的化学系统。当你踩动自行车踏板的时候，支撑踏板和曲轴的链条和轴承里会产生一点摩擦，运动会产生热。热上哪里去了？到宇宙里去了。真的。它散逸到整个世界的环境里，最终辐射到宇宙空间中，无法回收。自然系统中能量散逸的趋势，大概也可以解释小孩子的房间是怎么变得乱七八糟的。

现代机械世界靠热量运转，它也受热力学第二定律约束。汽车发动机、喷气式飞机的涡轮发动机以及火力发电厂，都利用燃烧产生的热量来使某种东西旋转。热量来自化学反应，对动物来说也是如此，不过我们不是在肚子里燃烧碳氧结合产生的火焰，而是用酶来促使食物里的化学物质与氧结合，产生化学能。但不管是涡轮螺旋桨发动机还是蟋蟀，所产生的能量都必须比消耗的能量多一点点。总有一部分能量会损失到宇宙中，热力学第二定律约束着我们。

人们时常这样推理：如果热量一直在散逸，整个宇宙难道不会冷却到某种极其寒冷的状态，直到任何地方都不会再有运动存在？宇宙会不会陷于热寂（有时称为“大冻结”）？如果注定会如此，它将发生在无法想象的遥远未来。宇宙的年龄有138亿年，以我们的角度看来，热寂还只是刚刚开始。

回过头来说说神创论者。他们疯狂地坚称，由于无序始终在增长，热量会散逸，地球和地球上的任何事物都必定会变得越来越无序。他们以为热力学第二定律对复杂性设下了禁制，这是完全错误的,因为他们把封闭系统与开放系统弄混淆了（或者是有意搅浑水）。不过，分析能量的流向，特别是考虑到热力学第二定律，是理解进化的一个绝佳方式。它提供了一种非常有用的方法，可用于理解生物利用现成能量的方式。我希望你能读完我这本书，在下一章以及第 29 章、第 35 章会就这一理念进行更多论述。请继续阅读。

进化也不是随机的：它是随机的反面。达尔文最重要的洞见之一就是，自然选择是一种让微小变化为生物体增添复杂性的途径。在每个世代的后代中，有益的改变可能会保留下来。每个在自然环境中运作得不那么好的突变，要么随着生物体死去而消亡，要么在随后的世代中被其他的同类突变击败。有益的变化正是通过进化过程不断累积着。

有益突变发生进化所需的根本能量主要来自太阳以及地球熔融的内部。生物消耗的腐败有机物为每个有益突变提供化学能。每个连续的世代都可能携带所有有益突变，增加复杂性的途径是繁殖后代。每一代得以存在的生物体都利用太阳的能量来汲取营养和获得温暖。

进化完全不违背热力学第二定律，相反，它是该定律的有力证明。生物服从热力学第二定律，接受这一理念就相当于承认进化不是随机的，承认生物受竞争的指导和选择。利用能量的系统，这差不多就是生命的定义。关于热力学能量和生命，有一个有趣的新转折，我们会在第 35 章再次谈到。地球的整个生态系统由共同消耗能量、相互竞争、发展出新形式的生命组成。

正是这个机制使生命如此精彩,它将能量输送给蝴蝶、拟南芥(完成基因组测序的第一种植物)、水母和人类。

正因为如此，神创论者的观点不仅大错特错，而且贫乏得可悲。他们扭曲了热力学第二定律，把一个理解世界的有力工具变成了阻止人们理解世界的壁垒。但这也并非一无是处。神创论者也能通过启发人们理解热力学第二定律所描述的自然本性，促使人们加深对进化机制的认识。

# 4　自下而上的设计

我在大学四年级获得机械工程专业学位，被波音公司录取，工作是研发波音 747 飞机。请放心，我受到了严格的监督。就像所有人类社会组织一样，波音公司的组织体系也是自上而下的。公司由比尔·波音创立，他雇用自己想要的人，把他们安排到办公桌和制图板前，以自上而下的方式组织他的业务。如今，波音公司有一个自上而下的结构，领导者包括一位首席执行官、一位总裁、一个董事会和一位董事会主席。对曾在大公司里工作或与大公司合作的人来说，这种结构十分熟悉。这也是对进化过程的许多通行误解的主要根源。

在自上而下的组织里，一切都根据命令的链条运作。在工作中，可能会有一张组织结构图来体现这个链条：最上层是老板，他之下的一层是经理，中层经理下面一层是店长、团队组长和初级员工。其他类型的等级团体采取的也是这样的模式，如果

你是学生，就可以确信学校必定会有校长和副校长。大学里充满了校长、院长、系主任、监察员、教授和助教等一些人。

自然界也采用组织化的体系，但与我们的体系完全不同，这正是混淆的根源。人类喜欢自上而下组织事物，许多人理所当然地假定其他东西也是这样组织的，但自然运作的方式完全相反。在事物的自然架构中，过去发生的改变是决定组织的任何特征是否能保留到未来的唯一因素，根本不存在什么计划。如果自然有一位日常事务经理，他的工作可就轻松了，因为什么也不需要做，自然是自组织的。这是捍卫进化论的另一条路径：自然在建造生态系统、创造所有那些了不起的复杂性时，采取的是自下而上的做法。

从人类自上而下的视角看待自然，会产生有意设计的错觉。容我解释一下：假设你开创了一桩事业，组织足够成功，雇得起几个人。你的事业发展起来，变得更复杂，需要更多能量，需要更多的计算机、更多的电话。你需要更多的设备和更多的能量来支撑从复印到农业灌溉的一切，所有这些设备和人员都需要组织起来。情形越复杂，所需的组织程度越高。使组织得以维持和成长所需的能量来自公司外部。如果你出售商品或服务，你的事业增长就来自于你的环境，在这个例子里来自你的消费者花掉的钱。

在自然界里，生物也依赖于它们的环境。我们从食物中得到储藏在化学键里的能量，植物一般从阳光中汲取能量，少数生态系统靠地热或火山热量维持。从能量的出发点观察我们的系统与自然界的系统，可以发现其间有很多共同之处，但也有一个重大区别。你所做出的塑造和指导业务的决策，固然要以你能获得的资源为基础，但它们都是你的决策。你指导你的组织去购买特定的东西，雇用特定的人，完成特定的文书工作或者任何你有可能要求的文档。你的公司和事业之所以变得越来越复杂，是因为你选择让它变得复杂。

在自然界里，生物也有能力利用环境中的资源变得更复杂，但不是出于有意识的选择，而是通过在竞争中击败其他生物来达成。这是达尔文进化论的根本原理：自然选择。一条 DNA 链上的化学物质排列方式使其可以复制自身。正如世间常态，这种复制不是完美的。一份文档的原件与其复印件有区别，大自然也同样很难进行完美的复制。在生物体发育阶段，DNA 里的那些微小改变会使生物体与其父母（或母体）略有不同，导致种群内部的差异。这些改变可能有助于生物生存，最终有助于其繁殖，也可能妨碍它繁殖，或者不引起什么显著的改变。有人认为这些变化来自于自觉或有意的行为，这一点可以理解，但实际上不是。

有助于生物体繁殖的变化会随该生物体的后代存留下去；有益的变化通过 DNA 传递，后代繁殖时，这些有益特性有助于它们产生后代。有害的变化使该生物群落中的某一部分无法繁殖，因而无法传递下去，它们从该生物体 DNA 的未来版本中消失了。不引起改变的改变——也就不会造成改变，它们也会传递下去。

一般说来，当生物体有能量可用时，这些能量会帮助生物体生存和繁殖。（通过食物或阳光）输入的能量能驱动并创造有益变化，从而可能增加生物后代的复杂性。查尔斯·达尔文看到这其中的联系时，马上就认识到这是一个何等强大的理念。

你可以比较一下自然系统与人类组织的系统，比如公司。在人类组织里，除非某时某地有某人做了什么选择，否则几乎不会有什么有益于组织的事发生。没有什么变化会有机地发生，即由受影响的组织自动产生。必须有人介入，去进行雇用或解雇、投资或撤资、购买或出售，要不然就不会有事情发生。无疑，不会有什么事情能自动发生，以好的方式使系统变得更复杂。可以说，人类社会组织依赖于智能设计者。

随着公司成长，不同的部门会添置系统、文书工作、需要填写的表格、需要经历的考验，如此种种，以帮助完成任务。此时可能会有经理介入，分析说组织现在头重脚轻，中层管理人员太多，下面做事的人太少。他可能会断定文书工作太多、交易或记录的冗余存储太多等，从而着手精简，努力使事务简单化。

这在进化里面行不通。如果一个系统抑制生物体，阻止它成功繁殖，该生物体就无法将基因传递给下一代，不需要有人做出什么决定。虽然基因中的变化通常随机产生，但该基因的下一代所服从的力量绝不是随机的。要么有合适的基因组合,要么没有；要么留在场内，要么出局。我们称之为选择压力，它决定着哪些基因能通过。

许多神创论者和反科学者，特别是美国的那些，会把随机性当成进化过程的一部分，进而坚称由于进化是随机的，它就无法解释生命丰富的复杂性。这本质上是我在前一章里讲的热力学第二定律主张的另一种形式。神创论者经常利用这样一个例子：一股假想的龙卷风刮过一个假想的垃圾场，里面有建造一架我心爱的老式波音 747 飞机所需的所有零件。（这有时称为垃圾场龙卷风论）。他们问，最终得到一架完美组装、可以运行的飞机，这种可能性有多大？显然为零，因为这个过程会是随机的。

这个论点的问题在于，它的前提是错的。进化和驱动进化的过程（即选择对繁殖有价值的基因）完全不是随机的。它是一个筛子，生物必须成功地通过它，不然就永远不会再出现。在波音公司（好吧，在任何一家公司）都有着与自然选择有点相似的选择压力。飞机制造公司之间存在竞争。消费者以及花费数以十亿美元购买飞机的航空公司希望设备有效率，希望飞机消耗的燃油更少、易于维护、总体上更便宜，因为这些东西都很贵。因此，经理、工程师、机械师、内部设计师、人体工程专家等所有人都奋力工作，力图让飞机更快、更好、更便宜。

我在工程学校时，教航空学的教授告诉我们，小翼是骗人的玩意儿，完全是对时间和能量的浪费（你应该见过小翼，就是现代机翼上方垂直的小片）。飞机和鸟之所以能飞，是因为翅膀下方的气压比上方的气压要高。一般说来，这是源于翅膀前方朝上倾斜一点儿，形成一个所谓的冲角。这对波音 787 飞机

和仓鸮[1]一样适用。翅膀下方的气压更高，使空气围绕着翼尖喷射。飞机或仓鸮在空气中移动时，会在身后留下一条连续不断的涡流。让大气这样旋转起来需要能量，它会使飞机或鸟的效率降低一点儿。小翼能阻止翼尖的大部分旋转，从而提高效率，但也会增加重量。我当时的教授让我们进行分析时，假定机翼和小翼都是铝制的。我们当时没考虑到——至少一开始没考虑到——轻量、高强度的塑料复合材料的发明。

如今的飞机有着复合塑料制造的小翼，这是某种形式的进化选择压力，它是市场力量的结果，但仍然是人类导致的决策。不采用这项技术的公司最终卖出去的飞机可能更少，从而破产歇业。小翼是大量研发工作的成果，来自于管理层的决策、工程师的分析和制造者的技艺。

令人惊叹的是，仓鸮也有某种小翼，但没有证据表明它们有意这样设计。相反，猫头鹰的小翼是这么一个过程的结果：一代又一代的猫头鹰繁殖，偶然生出一些小猫头鹰，它们的羽毛抑制翼尖涡流的效果比同一物种的其他成员要强些，这一性状不断传递下去，不需要什么组织结构图。

不难想象，一家公司如果有能力解雇那些表现不如其他员工的人，经过漫长的时间，在数以百万计的员工来了又去之后，这家公司最终会成为它所在领域里世界上最好的公司，不管它从事的是什么业务。自约一个世纪以前成立以来，波音公司的确雇用过超过 100 万个不同的人，但它根本没有那么长的时间

[1] 仓鸮，一种常见的猫头鹰，俗称猴面鹰或谷仓猫头鹰。——译注

来像大自然一样行事。然而，自下而上和自上而下的过程都在运作。人们尝试并抛弃各种飞机设计方案，就像自下而上的进化那样，最终方案看上去与进化产生的方案很像（这一点也不让人意外）。但飞机设计方案是在一个独特的、自上而下的人类社会组织里，由人类大脑从头开始设计的。

我们立刻被迫打出创造给我们发的牌，发展出自己的自上而下的方法，创造出我们想要的世界。我们可以利用进化赋予的头脑坐在飞机里飞翔，利用我们的想象在精神上翱翔。我们是进化的产物，因此我们创造的东西也是进化的产物，包括那些不太好的和非常好的东西。这真是太令人赞叹了。

# 5 深时深潜

把世界孤零零地扔在那里，过上非常非常非常长的时间，就可以得到我们看到的所有这些类型的生命，这种想法看上去令人难以置信，至少在认识到进化的巨大时间尺度之前是这样。自 18 世纪晚期以来，科学家用“深时[1]”这个术语来描述进化时间尺度的量级。深层的过去到底有深？我们借用凝视深渊的类比来加深理解。它深不见底，深到无法想象，压倒了你的思维。但是，一旦接受了这样的深度，进化机制就开始有意义了。

从第一个活细胞到你和我，其间发生的事情花费了长得几乎无法想象的时间。谈论进化时，“很长时间”的表述太过保守。在我看来，就这个问题而言，“太过保守”这个表述本身就太过保守。根据目前的估计，地球的年龄大约是 45.4 亿年。由化石

[1] deep time，亦有“深邃时间”“深度时间”等译法，此处参照网络上一些地质学资料译为“深时”。——译注

菌层推算，生命至少在 35 亿年前就诞生了。

天文学家、生物学家、化学家、地质学家和地球化学家通过非同寻常的洞察力与辛勤劳动，确定了这些时间。我记得很清楚，有一次我跟敬爱的年长同事布鲁斯·默里一起参加会议。他对美国的行星探索计划产生了巨大影响。在会上，我提到欧洲的某位研究者是地质学家，应该对我们讨论的某些问题有见地。布鲁斯把手掌在桌子上猛拍一下让我注意，他大声说："那个人不是地质学家！他是个地球化学家！"噢，不好意思啊，布鲁斯，我想必是在什么没文化的偏远地区长大的，我们那儿对地质学家和地球化学家不作区分。

不过布鲁斯说得颇有道理，正如他一贯很有道理。在推算远古岩石年代等方面，地球化学家承担了大部分最重要的工作。如果不能欣赏他们的工作，就会错失地球故事里至关重要的一段。100 多年前，法国物理学家亨利·贝克勒耳发现了放射性，它伴随着打开深时之锁的钥匙。从那时起，物理学家建立了非常成功的模型，用来描述原子的行为。原子由质子、中子和电子构成，质子和中子又分别由夸克构成。能量由光子或中微子等携带，可以进入或离开原子。通过仔细研究特定元素，人们观察到这样一些现象，例如具有放射性的铷 -87 包含 37 个质子（和 50 个中子），它能够转换或说衰变成锶，后者有 38 个质子。这两种元素可以看作一个放射化学系统。

岩石呈液态或接近液态时（地质学家称之为熔融状态），含有特定数量的铷和锶，勤奋的放射化学家可以测出其数值。熔

融的岩石从火山中喷出后会凝固，通过分析与铷和锶一同凝结的特定元素的比例，放射化学家和地球化学家就能确定岩石是在什么时候从熔融状态变为凝固状态的。对于铷和锶，可以依靠如下事实：每488亿年会有刚好一半的铷-87嬗变成锶-87（拥有49个中子），没错，将近500亿年（注意是亿）。放射性的性质就是这样：你不能确定某个原子会怎么样，但能以高到惊人的精确度确定一半的物质变成其他东西需要多长时间，这就是半衰期一词的来历。而且，我们可以确定1/4的物质发生改变需要多久，1/8又需要多久，以及1/16、1/32、1/64、1/128、1/256等。

化学一词是上述地球化学和放射化学工作的关键。地壳岩石里通常含有特定数量的铷和锶，以及其他元素，如钙和钾。铷的化学性质与钾很相似，锶的化学性质则与钙很相似。（在化学里可以看到，它们在元素周期表中位于同列。）当岩石处于熔融状态时，铷倾向于呈现游离态，不与其他物质结合。但岩石冷却时，铷有时会在岩石晶体中取代钾的位置。同样，锶有时会取代钙的位置。因此，仔细检测含钾的岩石晶体，比较铷和锶的相对丰度，就能确定这些岩石与其他岩石的相对年龄。我们可以深入过往，用我们的手段来将年代测算工作沿时间往回推进。

除铷-锶之外，放射化学家还用其他几个地球化学钟表来测定地球的年龄，包括铀-铅、钾-氩和钐-钕。每个钟表都用不同的化学元素来测定时间，每个都向我们提供关于地球年龄的无可争议的证据。你可能听说过碳测年或碳 -14 测年，这是一种类似的技术，适用于测量较小的时间尺度，它能让我们回溯时间，确定某个生物何时停止蒸腾（植物）或停止呼吸（动物）。碳测年只能回溯几万年，因为这种碳的半衰期只有 5730 年。与之相比，铷 - 锶放射化学钟表能回溯的时间要长近乎 100 万倍。碳测年对研究人类史很重要，但不太适合测定深时。

在认识到我们的行星是如此令人难以置信地高寿之后，进化成为我们关注的焦点。为了想象这一点，这样试试：看着一张北美地图。对于世界上其他地区的读者，我得说明一下，北美通常指从大西洋延伸到太平洋的美国大陆（就像加拿大和墨西哥那样）。利用美国的州际公路系统，可以从一个大洋的沿岸开车到达另一个大洋的沿岸。从美国西南沿岸的圣迭戈出发，到达东北沿岸的波士顿，要开 4500 千米。开同样远的距离可以从葡萄牙里斯本到达俄罗斯莫斯科，沿途要经过 8 个不同的国家。

想象有一条从一边海岸到另一边海岸的时间线。且让我们假定，每旅行 1 千米（对美国读者来说是 10 个橄榄球场的长度），就会经过 100 万年的时间。那么，每 1 米代表 1000 年的时间。在这个优美的思想模型里，从你的下巴到伸展出的手臂的距离代表着 1000 年。1000 年哪！

接下来，想象你正行走在从圣迭戈到波士顿的时间旅途中。你出发时，地球是一个巨大的、红热的熔岩球。200 千米之后，也就是徒步旅行 6~7 天之后，当看到一个路标提醒你月亮正在形成时，请抬头看看天上。又走了两天，另一个路标告诉你，地表已经足够冷却，并且下了足够多的雨，可以形成海洋了，这是44亿年前的事。步行一个月后，你会遇到生命的第一个迹象，大约是35亿年前。在离出发点2000千米的地方，大概是俄克拉荷马州的布罗肯阿罗附近，你会发现很小的微生物——蓝绿菌。顺便说一下，在此之前你一路都会觉得窒息，因为空气里没有多少氧，地球的氧气是这些早期微生物进行光合作用的副产物。蓝绿菌，还有你和我[1]，是已知仅有的能够改变整个星球气候的物种。

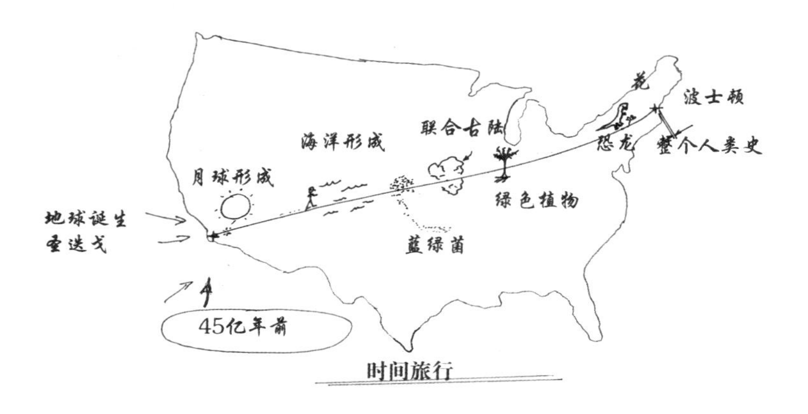


时间旅行

你的征途进行到两个月后，大约在离阿肯色州小石城不远

[1] “还有你和我”指工业革命之后人类活动使大气中二氧化碳含量上升，导致全球变暖。——译注

的地方，罗迪尼亚超级古陆形成了[1]。再走一个月，你可能会注意到，一块年代更近一些的超级古陆——联合古陆[2]形成了。在此之前，一路上你遇到的生物虽然不是全都生活在海洋里，但也差不多。等一下，你是不会遇到它们的，除非你行走的年代是如今美国内陆的大部分地区还位于水下的时期，当时这些地区在一片内海之下。在你艰难前行的时候，周围充满了不同寻常的、以我们的眼光看来非常怪异的海洋生物。

离东海岸只有 230 千米时，你终于会遇上远古恐龙。在漫长的生命史中，它们属于后来者。你会在它们中间行走 100 千米，走得快的话大概要 2 天或 3 天。一路上，开花植物出现，性普遍存在了。

只剩 2 千米要走了，大西洋已经在望。这时你遇到了我们最早的成员——早期版本的人类，生活在仅仅 200 万年以前。接着走，你可能会遇到我们的一些穴居祖先。在离水边 5 米时，古代金字塔出现。只剩 20 厘米——还不到你伸展开的小指指尖到大拇指的距离——的时候，美国作为一个国家成立了。人类登上月球是离水边 2 厘米的事，也就是不足 1 英寸。把脚趾往前挪挪，你就抵达了现在。

现在转身，回望这片茫茫大陆。在旅途中，大部分地区荒芜凄凉。我们所知的全部历史，所有的人和他们的事，你知道

[1] 根据板块构造论，地球岩石圈由板块构成，板块在不断运动，反复分裂与拼合。在地质史上的不同时期，板块曾经拼合成不同的超级大陆，包括本节中提到的罗迪尼亚超级古陆以及联合古陆。——译注

[2] 又译作盘古大陆、泛大陆。——译注

的一切，都发生在比你最后一步还短的距离里。正是这浩瀚的时间使生命得以出现，使进化得以指引创造出我们所知道的一切生命。

请注意，在你旅途大约 3/4 的时间里，生命仅仅处于提速阶段。那时的生命是细菌，它们的数量非常多，但你和我吃的植物，还有我们饲养来生产食物和肥料的动物，都是在你的旅程快要结束时出现的。在地球上，生命的绝大多数时间用于缓慢的进化过程，从几个粗糙的自我复制化学分子，到第一批真正的细胞，再到相对简单但极为了不起的生物。在事物的深层时间尺度里，你、我和我那迷人的前女友这样的复杂动物，是在非常近的时间才出现的。

当查尔斯·达尔文和阿尔弗雷德·华莱士思考其发现的推论时，生命发展到现在（或说发展到他们生活的年代）看起来需要极为漫长的时间，这使他们深感困扰。达尔文于 1859 年发表《物种起源》，而放射性直到 1896 年才被发现，并且还要过很多年才被人类充分理解。因此，就在达尔文建立他那优美的理论时，尽管有着数十个精彩的、用心实施的实验为基础，他仍然受到局限，因为他缺乏一个合理的解释来说明进化怎么才能有足够的时间来发挥作用。他没有办法解释地球怎么会这样古老得令人难以置信。

达尔文的同侪们质疑他，甚至嘲笑他，因为他断定我们在地球上所见的一切生物都有一个共同祖先，并且是在这样极其漫长的时间里形成的。怎么可能呢？怎么可能已经过去了这么长的时间？对于现在的我们，大多数人还是很难想象这一点的，更不用说达尔文时代的人了。

19 世纪晚期，威廉•汤姆逊[1]（他是爱尔兰人，但以独特的英式称号开尔文勋爵为人所知）向科学界提供了一个貌似权威的计算，提出地球年龄在 2000 万年到最多 4 亿年之间。进化需要的时间似乎比这段历史要长 10 倍或 100 倍，这是一个悖论。华莱士和达尔文在世的年月里，地球的真实年龄始终是个谜。直到放射性被发现，科学家才找到了答案。开尔文假设地球自诞生之日起就在冷却，并用现在的温度去推导地球年龄。他所不知道的是，我们星球深处的放射性元素在不断产生新的热量。他的计算过程很完美，但他的理解不完美。事实上，有充足的时间供进化来展开，完全满足达尔文所想象过的要求，而且远远不止于此。

我经常想，生活在 21 世纪初，是一个多么不同寻常的时机（有意双关[2]）。生命花了几十亿年时间才走到这一步，人类花了几千年时间才对我们的宇宙、我们的星球和我们自身拼凑出一套有意义的理解，但也要想想那些尚未被发现的东西。但愿，对于那些深层问题——从意识的本性到生命的起源，找到它们的深层答案不需要再花太长的时间。

[1] 威廉・汤姆逊（1824—1907），生于北爱尔兰，英国数学物理学家、工程师，1892年因在热力学领域的贡献及反对爱尔兰自治而受封贵族，人称开尔文勋爵。绝对温标的单位开尔文得名于他。——译注

[2] 双关或指既表示历经数十亿年所需的时间长得不同寻常，也指21世纪初这个时间点不同寻常。——译注

# 6 进化的起源

在 20 世纪 60 年代的某个时候，我们一家人坐在一起吃鸡肉晚餐时，我父亲说起了当年他的家庭餐桌边的一个场景，我喜欢把这想成他的“达尔文的加拉帕戈斯之旅[1]”：在那一刻，他醒悟到所有生物都有亲缘关系。我的祖父母住在华盛顿特区的一幢大房子里，在大萧条[2]时期，为了贴补家用，祖母把房间出租给年轻人、学生或者职场新人。其中有一位房客经常在餐桌上随口说，鸡的膝盖与人的膝盖有多么相像，还有其他一些解剖学上的相似之处，这些话让人很不自在。

据说，我祖母表示同意这些观察结论，同时还接受了进化

[1] 达尔文于1835年乘坐贝格尔号到访南美太平洋上的加拉帕戈斯群岛，岛上特殊的环境和生物多样性启发了他对进化的思考，这对进化论的诞生有重要影响。——译注

[2] 大萧条是指1929—1933年间发源于美国、波及全世界的经济危机。——译注

和自然选择的理念。她是个博物学家，花了很多时间研究野花。但我祖父是个按时上教堂的人，这一切让他深感困扰，人与鸡之间的关联完全违背了他的宗教教养。那位房客为人很好，按时付房租，但他关于鸡的谈话显然影响了孩子们——我父亲、他的兄弟，还有他们的朋友。这些晚餐给我父亲提供了余生的思考食粮。

我父亲从第二次世界大战的战场上归来，当了一名推销员。然而，他经常称自己为“男孩科学家奈德·奈尔”。我母亲在战争期间是海军上尉，她被征入伍是因为擅长数学和科学，退伍后继续上学，获得博士学位。因此，在我成长的过程中，对人类有能力探索事物并解决问题一直怀着无比的崇敬。我在华盛顿特区长大,平时可以去参观史密森学会。我经常被扔在……呃，我是说,我经常搭车到市中心去坐公共汽车,逛博物馆,看风景。像所有的小孩一样，我对远古恐龙特别着迷，想着要是能在野外看到这么一只动物，那该有多酷啊！你大概要说，我骨子里想着进化。差不多是在自己的人生起始阶段，我就专注于地球生命的科学故事，如今写这本书也就不足为奇了。

设想一下，当查尔斯·达尔文和阿尔弗雷德·华莱士在19世纪上半叶构想他们的理论时，情况是什么样的。在他们生活的年代，几乎没有人想过化石骨骼的生物学意义，没有人知道地球的真实年龄，我们如今知道的古代生物大多数尚未被发现。没有摆满恐龙骨头的博物馆，餐桌上的闲谈大概从来不曾涉及人与鸡在生理上的相似之处。在达尔文生活的时代，那些让孩

提时代的我深感兴趣的理念，还只是刚刚开始在学术圈里成形。

在许多个世纪里，欧洲和其他地区的人们对此深信不疑：世界过去一直跟他们当时看到的差不多。但在19世纪晚期，几位思想家对这种长久的信念提出了质疑。苏格兰博物学家詹姆斯·赫顿研究了地球及其自然过程，重新思考了地球始终是当前模样的观点。我觉得他的文章有时很难懂，因为是用华丽的散文写成的，显然是为了给同侪们留下深刻印象而故意为之。不过试试这段："时间，在我们的思想里度量着一切，在我们的架构中经常欠缺，它本质上无穷无尽，永不止息。"

我这样重新表述他的观点："我们做任何事情都会考虑到时间，并且经常觉得时间不够用。然而在自然界，可用时间的数量并无限制……"这种见解使赫顿认识到，他观察到的地貌不是创世者上了6天班然后去休息的成果。相反，他看到和记录的地质状况，无疑是由无数年的稳定变化产生的。他驳斥了当时的标准理论，即曾经发生过一场大洪水，只留了几千年时间来创造我们今天看到的一切。相反，他推断认为，地球表面在无数年代里发生着缓慢、持续的变化。

赫顿的理论称为均变论，是达尔文藉以建立其进化理论的关键理念之一。均变论提出，世界是均一的，遵从同一套自然法则；它还提出，我们如今推导出的自然法则，正是无数世代以前和几千年前运行的自然法则。这与赫顿的同侪们所相信的（以及今天的神创论者依然相信的）理念大相径庭，这些人认为造物主会修改自然法则，以适合他或它自身，因而自然法则和地球的自然史就不可避免地不可能均一。对“男孩科学家奈德·奈尔”和“科学人比尔·奈尔”来说，这个观点完全说不通。不过我们有一个优势，多出一个世纪的人类思想影响着我们的理性。

在 19 世纪 30 年代，英国学者查尔斯·赖尔发展了赫顿的工作。我要说，赖尔校准了世界。他测量了沉积物沉降的速度有多快（或者说有多慢）；他测量岩层的厚度以估算其年龄，并将不同时间段整合到一起。他所做的这些事，是在建立地球的时间标尺。赖尔清晰并富有洞见地论述了地质事件涉及的漫长时间的特性。查尔斯·达尔文乘坐贝格尔号进行他著名的环球旅行时，随身带着赖尔的《地质学原理》。直到今天，我认识的几位地质学家还把赖尔的著作放在他们办公室的书架上。它经受住了（深层）时间的考验。

赫顿和赖尔冲击了一个强大的学术传统，该传统以一种全然不同的静态观点看待世界。如今，如果你去参观史密森美国历史博物馆，会看到一尊乔治·华盛顿雕像。这尊雕像由何瑞修·格里诺制作，发布于 1841 年。我还是小孩子的时候，就觉得这雕像有点老气。我的意思是，乔治·华盛顿是不会穿一件希腊式短外套的……他会吗？在这尊雕像中，他就那么穿着。古希腊如此备受尊崇，以至于庆祝美国第一位总统诞生纪念日的人们觉得，给一位 18 世纪的政治家穿上公元前 4 世纪的希腊式外套是有意义的。这样的思路也使得亚里士多德关于生物之间联系的观点延续到了赫顿、赖尔、华莱士和达尔文的年代。

在公元前 4 世纪，亚里士多德提出了“自然阶梯（*scala naturae*）”的概念。在这个拉丁语词组里，阶梯不是攀登工具，而是指事物自下而上的安排顺序——或说展示顺序。阶梯上的东西不会上升或下降，每种生物都位于某个梯级上，就像书架上的书。亚里士多德看到了大自然那非同凡响甚至可说是尽善尽美的平衡，认为造物主或自然之力将每种生物安排在合适的位置上，它们和我们从此各安其位。一切都安排得完美无缺，就像一块竖版拼图。不过，根据这种安排，事物也会随时间变化，比方说婴儿会长大成为牛仔（或者掷铁饼者）。他们有着生命周期，在周期里会生长、变化。但在宏观图景中，他们仍处在各自安排好的位置上，是完美的自然阶梯的组成部分。

将这种完美性考虑在内之后，赫顿反复申明，尽管他不可避免地注意到地球在不断变化，但变化过程也是造物主计划的一部分。例如，“自然，最令人惊叹、最出色的生命创造者，根据物理、机械和化学规律进行了最审慎的安排，对于它那非同寻常且永不止息的运作，不曾给出哪怕最微小的暗示，而是极为清楚地将其成就归结于一位善意的、全能的神……”

赫顿和赖尔的观点开始站稳脚跟。到 19 世纪 30 年代末期，人们在积极猜想着，一个极其古老的地球会在哲学和科学上带来什么推论。大体上是这样的：如果地球表面在无数年代里缓慢变化，这是否意味着我们这样的生物也随时间发生了变化？反过来，这可能表示没有谁在掌控——也就是说，没有神。动物和植物们并不像古代哲学家假想的那样，在自然阶梯的正确位置上奋力追求完美。在这场极其漫长、缓慢放映的电影里，我们都只是一闪而过。

就像我祖母的房客一样，许多富有观察力的人注意到，不同植物和动物之间有着形态上的联系。正是因为这样，在 18 世纪，植物学卡尔·林奈根据不同生物之间的联系建立了他的命名体系。任何生物都可以用一个等级体系进行分类，该体系的每一层都有着二元选择。要将某种东西安放在生物类目里，博物学家只需要确定，它是动物还是植物？它的叶子是对生的还是互生的？它是木本还是草质藤本？这就像“20 个问题”游戏[1]。林奈的体系进一步鼓励博物学家们深入思考生物之间的联系。他的影响极为深远,以至于林奈学会至今仍然很有地位。

达尔文于 1809 年出生的时候，一些博物学家已经开始探索不同种类的生物怎样相互关联，它们怎样随时间推移发生变化。地球看上去足够古老，容许这些变化发生，但没有人知道一个物种怎样能变成另一个物种，更不用说要花多长时间。有一个人曾经接近事实，但把主旨弄错了，在下一章你会读到关于他的许多内容。然后达尔文和华莱士来了……我们走到了今天。后来，爱沙尼亚探险家卡尔·恩斯特·冯·贝尔和哲学家约翰·歌德进一步发展了这些思想，随后是尼尔斯·埃尔德里奇、史蒂芬·杰·古尔德和许多其他人，每个人都给这个科学

[1] “20个问题”游戏发源于19世纪的美国，由一名参与者默想某种事物，其他人向其提出选择式的问题，如“它是动物还是植物，或者是人”。根据答案逐渐将问题细化，目标是在20个问题之内猜出这种事物是什么。——译注

故事增添新的元素。

达尔文关于进化通过自然选择进行的理论，对于自然世界里的竞争这个理念，激发了一种更广泛的迷思，我将在第8章详细谈论这一点。竞争理念激发了社会达尔文主义，用于探讨人类群体中的竞争（通常是种族主义方式的竞争，与达尔文所说的毫无关系）。同时，达尔文本人也在思考种群问题，不只是人类群体,而是自然界里能观察到的每个物种的种群。他认识到，生物繁殖的时候会自然产生变化。他认识到，同一物种的种群会竞争资源。他还认识到，能够遗传下去的、对生物有益的性状有更多机会出现在该生物的后代身上，这就是驱动进化改变的发动机。

虽然达尔文和华莱士几乎同时想到进化理念，但人们将进化理论单独归功于达尔文，我明白这是为什么（我会在后面的章节里向华莱士致敬）。《论通过自然选择手段进行的物种起源》——这是那本书的完整标题——里包含了达尔文亲自用心进行的几十项观察与实验的内容，并且文字非常优美。对于进化理论是否正确，他留给读者自行判断。仅举一例：“对于各个物种是独立被创造出来的观点，即它所有的部分都是我们现在看到的那样，我找不到解释。但对于物种群体是从其他物种传下来并经过了自然选择的改造这种观点，我想我们能从中得到启示……”

在他的著作中，达尔文清楚地表示，他不能声称是否有造物主在掌管一切。该理念在当时不可能被证明或否认，今天也是一样。但达尔文那坚实的调查带来了看待世界的新视角，人们可以按照世界自己的条款去欣赏和理解它。也许有智能在掌控宇宙，但达尔文的理论里没有掌控者的踪影，也不需要。我们在自然中看到的那些精彩纷呈的多样性与平衡是自然本身的成就。

我明白，这种认知至今还困扰着许多人。对我而言，它令人惊艳并且振奋。经过 2400 年的猜测，人类终于发现了自然的这个根本特性，弄清了我们在生物之中的位置。想一想，还有什么同样具有革命性的发现即将来临？

# 7　拉马克与他的非获得性状

达尔文到来时，已经有许多博物学家——我们现在大概可称之为生物学家——注意到，他们观察到的植物和动物在形状和功能上有相似之处。从古希腊的全盛时期开始，哲学家们就为生命的起源争执不休。几乎所有的哲学家都猜测过生命是怎样开始的、生物为什么会这么明显地相互依赖。他们观察并记录了自然界中的模式现象：大鱼需要小鱼，松鼠需要树，人类需要吃东西，自然提供各种食物。但这许许多多不同的生物是怎么来的？我们是怎么来的？

人们通常相信，生物拥有灵魂或某种形而上的特质，会从父母传给孩子，甚至从橡树传给橡子。在 19 世纪的博物学家看来，不变性从一开始就存在，变化并不是与生俱来的。但他们猜想，确实存在某种变化机制。自然或神祇怎样创造出这么多不同形式的生命？造物主是否在每粒种子里都注入了灵魂？用

19世纪的话说就是：“同质性”是怎样变成“异质性”的？达尔文之所以能提出通过自然选择进行的遗传，不仅是由于他在思想上迈进了一大步，也是由于他避开了许多错误理念。

达尔文之前的一些先驱者们抓住了自然选择的某些方面，但没有掌握最关键的东西。说到正确与错误的混杂，莫过于让－巴蒂斯特·莫内，他以高贵的祖传法国贵族称号“拉马克家族世袭骑士”为人所知，通常简称为“拉马克”。

拉马克生活在18世纪中叶的法国，他猜想动物和植物运用特定器官时，有规律、高强度地使用这些器官的生物不仅会增强器官的功能，还会将器官增强的趋向传递下去，使后代倾向于拥有经过改善或加强的器官。显然，他观察到铁匠有着肌肉结实的胳膊和肩膀，终生在铁砧前挥舞锤子的人当然会这样。他预期，铁匠的孩子会继承这样的胳膊和肩膀，或者有能力长出宽厚的肩膀。由此，他针对更广泛的自然体系，得出了一个更广泛的结论。

不难看出为什么拉马克会这么想。人们选择与母亲或父亲相同的职业，这种情形我们都很熟悉。如果你是铁匠的儿子，成长过程中对冶金的了解肯定比一般人要多，等你长大成人、寻求谋生手段时，自然会比其他准备当铁匠的人更有优势。这种现象可能强化了拉马克的结论。如今，有许多优秀的棒球选手是优秀选手的儿子，原因可能是从小接触棒球文化和规则细节，并且继承了适合从事这项运动的体格。可以看到这些因素怎样协同作用，使儿子可能走上与父亲相同的道路。你也许会

认为，某件事情做得越多（如挥舞球棒或铁锤越多），你就会越擅长这件事，由此或许会得出结论说，马掌匠、箍桶匠、棒球击球手或投手的孩子们倾向于继承这些能力。如果人是这样，动物难道不会也这样吗？

在为原因和结果寻找联系的过程中，拉马克猜测，设想中这种能够改变遗传给后代的性状的能力，是一种复杂化力量造成的结果。比方说，如果一只动物想要吃特定的树叶，它可能会发育出适合做这件事的牙齿，然后将这个有益的新性状传给后代，这称为获得性状的遗传。自然界中有一种倾向或手段，帮助一代又一代的生物把前辈的努力带来的有益变化积累起来。

对于深入探索物种变化的途径，拉马克的猜想是一个很有帮助的手段。他急于理解生物获得复杂性或特异性的方式，以及他或它繁殖时的效果。我觉得长颈鹿是一个有代表性的例子。设想你是中部欧洲的一名思想家，生平头一次看到长颈鹿。它们态度谦逊,看起来对生活高瞻远瞩,充满魅力。你不免会疑惑：它们的脖子为什么这么长？为什么不像狗、猫和奶牛那样长着普通的脖子？无论如何，我们并没有观察到长颈鹿在成长过程中努力拉扯脖子，它们的脖子生来就这么长。割掉老鼠的尾巴，它的后代还是会有尾巴。如果一个肩膀宽阔的家族不再从事铁匠行业，他们仍然拥有宽阔的肩膀。拉马克的理论经不起科学的审查。

我们现在知道，长颈鹿的脖子跟它的其他生理特征一样，是由基因控制的，自然界里的生物没办法改变自己的基因。所有的生物——海葵、萤火虫、大王乌贼、迷你贵宾犬和人类——都必须按照自己拿到的牌去玩这个遗传的牌局。达尔文认识到而拉马克疏忽了的一点是，复杂性是在整个种群中缓慢产生的，并非在一个人或一只动物体内迅速出现。对此，研究者们最近发现了一个有趣的反转：在合适条件下和一定程度上，遗传能够按拉马克所相信的方式进行。尽管基因不会自己发生改变，但在某个生物体的一生里，基因激活的方式是会改变的，此现象称为表观遗传变化——来自外部的改变。

在不太遥远的未来，可能会有其他方法能改变你的基因。科学家在研究基因疗法，就是修改 DNA 以避免疾病、调节身体状况，或者给基因添加一些东西，希望能改善生理机能。也许有一天能对生殖细胞系进行改造，使你的孩子能遗传到新的 DNA。这太可怕了还是太好了？太疯狂了还是合乎伦理？基因改造的可能性提醒了我，我们需要一个具有科学素养的选民团体。请继续阅读，并且投票！

记住所有这些内容，然后重新来思考长颈鹿在自然栖息地里的情形。我去过非洲几次，在野外观察过长颈鹿，我可以告诉你，你不需要成为什么世界权威就能发现，长颈鹿会啃食很高的树枝上的叶子，它们利用自己的脖子来获取其他动物颇要多费一番工夫才能接触到的植物。如果你是一只猫，可以爬上树去啃，但这要多花很多力气，呃，况且猫一般吃其他动物，不吃美味的金合欢树叶。长颈鹿还有一个了不起的特点，我一开始没有注意，等有人向我指出时才发现：它们的舌头和嘴唇

非常粗糙，可以叼住金合欢树枝上比较粗的部分，嘴顺着树枝捋到末梢,把所有的树叶都捋掉。关键在于,金合欢树长满了刺。你和我都不能徒手抓住金合欢树枝，更别说用舌头了。咿——嗷！可是长颈鹿能做到。

像拉马克那样思考，你可能会得出结论说，我们今天看到的长颈鹿就是通过伸啊伸才有了长脖子的。你可能认为，只要通过伸脖子去够食物，长颈鹿的脖子就会自然变长，并且其后代的脖子也会变长。但事情不是这样。达尔文得出了正确的答案：现代长颈鹿的祖先，脖子碰巧比同类要长一点，它们能吃到的金合欢树叶比群体里其他长颈鹿能吃到的高一点。脖子更长的长颈鹿在获取充足营养方面更强一点——只是更强一点点，因而，它们在生育后代方面也只是更强一点点。

食物短缺的时候，要求脖子更长的进化压力可能会更强。想象一下，稀树草原上发生了干旱。这是非洲一种介乎森林与草甸之间的地貌，欧洲和美国人称之为稀树草原。在干旱期间，活下来的树可能更少，树叶更小，所含的水分不像雨水充足时那么多。在这种情况下，所有以金合欢树叶为食的动物都能够到较低枝条上的树叶，但只有脖子更长一点的长颈鹿能继续往上，吃到脖子较短的群体成员够不到的树叶。因此，较低枝条上稀少的叶子被吃光之后，群体里较高的成员能得到更多食物，更有可能生育健康的后代。

现在想象一下，有一场大干旱每年都发生，持续了比方说10 年吧。就像北美一样，非洲也受到西太平洋厄尔尼诺事件的气候模式影响，这样的模式可能持续好几年。在几个季度里，长颈鹿群体可能很难找到吃的，这种情况下只有高个子会活下来。生存压力非常大，这时就不是个子高一点点的长颈鹿表现好一点点，而是只有高个子才能挨过干旱生存下去。只需几年时间，群体里的矮个子们就会死光，其基因迅速被清除。

这个设想简单地表明了环境变化怎样以快得惊人的速度挑选出适应良好的基因。你没法通过拉扯自己的脖子来让你的孩子拥有长脖子,而必须拥有长脖子基因（或说脖子更长的基因），这些基因必须能传给你的后代。可怜的拉马克，聪明如斯却也没能看到这个过程真正的运作方式。但作为现代观察者，我们必须称赞拉马克，因为他提出了这个问题，甚或只是想到这个问题就值得赞赏。

在讨论长颈鹿时，还有值得注意且非常关键的一点需要表明，它关乎进化和“足够好”者生存。“适者生存”说起来这么好听，是语言学上一个不幸的巧合，因为随机的自然变异并不会产生完美适应的个体,也不需要这样做。驱动进化的理念是“最佳适应”，或者“足够好的适应”。

观察长颈鹿的解剖结构，可以看到很多出人意料的有趣特征。首先，虽然长颈鹿在我们看来有一条漂亮的长脖子，但它的颈椎骨数量是 7 块，跟你我一样。它的脖子跟我们的脖子本质上是一样的，这是我们与它有着共同祖先的一个证据。很久以前某个时候，生活着某些脊椎哺乳动物，长颈鹿和我们都源于它们。对长颈鹿的长脖子来说，7 块颈椎骨实在不算多。数

量这么少的大骨头会限制动物的灵活性。但进化约束着我们全部，让我们只能凭借自己拥有的一切来运作。

从你的大脑到“音箱”（即喉头）的神经，沿着这条线从大脑延伸下来，穿过喉头。它从喉头旁边穿过，就像宽阔的环城快速路旁边的人行道一样。同一条神经绕过你心脏附近的一根动脉，然后回到颈部，与喉头连接。这是真的。在鱼身上也是这样，从大脑到腮的神经走了一条相当短的路线。但一代又一代之后，有些动物的脖子变长了。腮发生了改变，从而能利用空气中的氧而不是水中溶解的氧。同一条神经始终走着同样的路线，从大脑出发，绕过心脏动脉，回到喉头。这是进化带来的另一个效果：每一代都只能是前一代的直接修改版本。

在长颈鹿体内，可就了不得了。这条神经从大脑延伸到心脏（长颈鹿的心脏在胸部，跟你一样），然后回到它的“音箱”（即喉头）。如果你坐下来设计一条从大脑到喉头的连接，只会设计成大约 5 厘米长。但由于我们和长颈鹿之类的动物都来自同一批祖先，当初它们的神经线路是这样的，我们和长颈鹿最后也就是这样的。乍看上去非常奇怪，但仔细考虑之后，鱼、你自己和长颈鹿身上的情况理当如此。

对长颈鹿的舌头和嘴唇来说，情况可能也是这样的。每一代的原长颈鹿（现代长颈鹿的祖先）舌头都更加粗糙一点。粗糙的舌头可以让一只原长颈鹿从较高树枝上吃到更多的叶子。最终，某一代长颈鹿生来就能吃到很高的、长满刺的金合欢树上的叶子。

为了弄明白这一点，请跟我来进行一个小小的思考练习。想象一辆自行车，再想象一辆双轮的手推平车或双轮小拖车，就是城市居民拖着去杂货店买东西的那种。现在，想象一下对小拖车或手推平车进行改造，将其变成一辆自行车，但改造要逐步进行，符合进化原则。你得先把小拖车拉成平行四边形或类似形状，使得轮子一个在前一个在后，而不是并排。轮子要变得更大。轮胎要中空，充满空气。你还得把轮轴改成链条。车子上方的把手也许要改成自行车车架的上管。小拖车的每个部分可能都要加粗，成为一个自行车车架，足以在粗糙路面上支撑一个人的重量。

进化的关键要求在于：在每个阶段，施加你所做的每个改变之后，整个物件都必须还能够运作。它必须能够继续滚动，能够行驶或者被拖到商店去。不然，小拖车或者手推平车就会灭绝。不管什么时候，只要它不能滚动，或者不能在某种程度上转向，或者缺乏保持平衡的实用方法，你就得放弃它，把它扔在路边，任它化为尘土，而用另一个相关的设计重新尝试。你不可避免地要保留很多原始设计，用递增的方法做出改变。这正是自然界里的情况，没有什么深思熟虑的设计师去把东西拆开、重新设计，行不通的话重新拼回去。相反，每一步都要“足够好”。每一代都要能够生存下去，不然这个物种或这类生物就会从我们的世界上消失。

这就是为什么长颈鹿的脖子跟我们的脖子、狗的脖子和马的脖子这么像。经过仔细观察可以发现，我们的脖子跟鱼的脖

子也很像。我们都是一个共同祖先的后代，这位祖先生活在地球历史上非常遥远的过去。世界上任何一位设计师或工程师都不会把脖子组装成这样。但如果你接受了这样一种想法，即进化的运作方式与人类设计师或工程师的工作方式不同，所有这些细节就都顺理成章了。

每一代生物与其环境相互作用并繁殖时，进化就发生了，拉马克至少在这一点上是对的。那些得以生存下来并繁殖的自然设计，得以把它们的基因传递下去。那些不能成功繁殖的消失了，它们的基因也跟着消失。这是“坚持下来者生存”，或者“达到标准者生存”，或者“足够好者生存”。

# 8 我的毕业舞会与性选择

身为一个书呆子，我并不期待参加高中毕业舞会。然而我还是参加了，驱使我这么做的是丽丝的腿形，那是我的一位同学（无疑是女的）。几乎所有人都知道，这种与性有关的迷恋不是我们能够选择的。它是祖先的遗赠，是诸多高度共享的进化性状之一，是我们无法摆脱的一种驱动力。

这么想下去，我不禁要回忆起特拉华州海滩上的一天，我母亲的表妹莫妮克来晒太阳的情景。我当时大概 7 岁。我母亲的母亲是法国人，所以我这位远房表亲也是法国人，她有某种欧洲气质。还有一点：莫妮克当时 20 多岁，穿着比基尼。（我的绘画技巧不足以画出一幅速写。）我记得大人们盯着我看，因为我在盯着她看。关键在于，我清楚地记得，当时我一点也不明白自己为什么要盯着她看。当然，回头想想，用时髦的话来说，她真的是个超级火辣的妞儿。但我当时的语言技巧不足以表达这一点，那时候也完全没有产生后来在青春期会有的感觉。我只是呆呆地盯着她看。我觉得这是一个无可辩驳的证据，表明我们的大脑生来就是为了支持或进行性选择，甚至在自己都不知道的情况下。

性选择是达尔文进化论的第二个根本理念，仅次于自然选择。性选择过程决定了同一物种内的生物选择要把哪些基因传给后代，正是它驱动着地球上这么多物种中的这么大一部分整日整夜做着类似的事。

自然选择在一般意义上是生物体与其环境的相互作用。在达尔文之后一个世纪的今天，我们可以将这一过程描述为生物体与其生态系统的相互作用。适应得稍好一些的生物体，在竞争中击败适应得不那么好的生物体。随机过程产生的基因碰巧很好地适应当时的环境和生态系统时，上述现象就发生了。这是达尔文最伟大的见解，如今人们对进化变化的驱动力的理解依然以这个见解为基础。

但是，除了个体与生态环境的相互作用，还存在着物种内部不同个体之间的相互作用，它们为了能量和繁殖的机会而相互竞争。对植物来说，最重要的资源是阳光以及土壤里的养分；对小鱼来说也许是浮游生物，即海洋里的微小动物；对大鱼来说是小鱼；对你和我来说是食物和水。但从进化的角度看，不论有多少阳光、肥料、富有营养的食物或者舒适的毛毯，都是不够的。生物必须将基因传递下去，以便拥有后继者——用以在基因池里保存它们的基因。为了这个目的，植物和动物疯狂起来。

《圣经》里有一段著名章节说到野地里的百合花。《马太福音》的作者们说，这些美丽的花儿也不劳苦，也不纺线来做衣服[1]。这段话鼓励耶稣的信徒们不要担心地上的事情，尤其是出门传教时穿什么。

这段话也许很优美，但《圣经》在这里遗漏了很重要的一点，那就是关于自然和进化的部分，特别是关于性选择的部分。事实上，与这颗行星上所有其他的有性生物一样，百合花也在努力奋斗以创造出交配的手段。如果你没思考过这个问题，就停下来想一想：一株植物为了开出一朵花要投入多少能量。通常来说，像百合、玫瑰、山核桃木、美国黄松和巨藻之类的绿色植物都有叶片、针叶或复叶用以收集阳光。总体上，其他构造，如茎、树干或叶柄都是以有效或足够有效的方式支撑叶子的。除了吸收阳光之外，植物还要做什么？答案很简单：产出更多的植物。这绝非易事。

为了繁殖，植物要竭尽全力。百合要花费很多能量去开花，橡树要花费很多能量去生产数以千计的橡子。对橡树来说，它还要依靠松鼠忘掉它们藏了几颗橡子，这样就有可能在附近长出一棵新的橡树。苹果树和橘子树不辞劳苦地长出果实，于是

[1]　《马太福音》6:28—30：何必为衣裳忧虑呢？你想野地里的百合花怎么长起来；它也不劳苦，也不纺线。然而我告诉你们，就是所罗门极荣华的时候，他所穿戴的还不如这花一朵呢！你们这小信的人哪！野地里的草今天还在，明天就被丢在炉里，神还给它这样的妆饰，何况你们呢！——译注

像我这样的人类或者洛杉矶本地的“柑橘老鼠[1]”会叼着一块果实路过，把籽吐在条件适宜的潮湿土壤里。棕榈树长出椰子，其大小和硬度都跟炮弹一样，从而可以漂浮着把种子送到其他岛屿上。想一想，如果百合或者玉米没有这么多种子要播撒，它们生长与生存所需的能量要少多少。

情形还不止于此。这些生物不仅要长出能发芽的种子，还要长出花朵、雌蕊、雄蕊、卵细胞和花粉，以进行基因混合。这些过程要在释放种子之前完成，都是有性的。

玫瑰丛长着木质的藤条用以维持结构，长着尖刺用以防止动物攀爬藤条或用藤条做窝。制造藤条要消耗能量，然而，看看玫瑰植株用了多少资源和能量来制造精美的花朵和蔷薇果（玫瑰的种子）吧。它们之所以开出美丽的花，不是为了防止细菌侵袭或者熬过寒冷的冬天，而是要把自己的基因与其他个体的基因混合，混合的对象是通过性选择出来的。玫瑰花这样做是为了吸引授粉者，比如蜜蜂和鸟类，让它们停下来汲取花蜜，飞走时带上一些花粉。

橘子甜蜜诱人，羊毛温暖柔软，很容易想象我们的祖先为什么会相信万物皆备于我，但事实显然不是这样。生态系统经历了漫长的时间才发展成现在这个样子，我们却只会生存几十年或若干代。我们的祖先，至少是为了《圣经》章节费心思的那些祖先，遗漏了这样一种思想：事物之所以看上去彼此适应得这么好，原因在于它是逐渐发展而来的，从简单到复杂，经

[1] 黑家鼠的俗称之一。——译注

历了极为漫长的年代。比起其他可能出现的情况，性使这个发展过程快了不少，或者说效率高了不少。

性诞生于至少12亿年前，一旦产生就在生物中传播开来——我是说，它无处不在。我们可以猜想一下性是怎么产生的。在显微镜下很容易看到细菌交换基因的情形，这种交换通过看上去像细线或细管的东西进行，后者称为纤毛（*pilus*，拉丁语意为“毛发”）。细菌只交换部分基因或很小的基因片段，这也不难想象。接下来设想一下，有一个细菌向其他细菌输送了小的基因片段，它们重量更轻，从而输送得更快，而另一个细菌倾向于输送较重、移动较慢的分子。据观察，细菌只会一对一地共享基因，永远有一个提供者和一个接受者。假设一个细菌通过纤毛输送出几个遗传分子，几分钟后，接受者反过来利用自己的纤毛向第一个提供者输送另一些遗传信息。

在原初时代，当一个细菌送出许多很小的片段、从另一个细菌换回来更重的大型片段时，就出现了一种情形，使两个细菌分别获得一种有优势的角色，每种角色都使细菌在做自己的事时比其他细菌强一点点，其他细菌仍然是双方交换较长或中等长度的遗传密码链。很显然，专门化带来了效率。由此引发一系列反应，使这些原始的地球生命发明了性。往四周瞧瞧就能看到，这种用许多很小的遗传密码片段交换一个大型片段的做法运行得很好。（它为什么运行得很好，这一点也不那么显而易见，后面会细讲。）性必定给某些生物赋予了优势，否则就不会有性，也不会有我们。

性选择一旦得到确认，理解起来是很容易的。它使物种能在内部进行选择，物种内部的个体在开放的世界、开放的生态系统里竞争，如果你愿意这么说的话。看待这件事的另一个途径是，性选择是自然选择上游的第二道滤网：在生物的后代被投放到世界里、检验它们是不是足够好到能产生自己的后代、向遗传的未来进发之前，父母们必须先互相选择。如果它们不这样做，就不会有后代被投放到世上。

性选择的速度不仅为我们在自然界中所见的惊人多样性做出了贡献，还对生物体本身的复杂程度做出了贡献。携带新基因组合的后代，如果能比生态系统中的其他生物更快地利用环境中的资源，就必定会成功。如果它们摄入营养和水等资源的速度比周围的其他生物更快或更高效，其遗传创新理所当然地会越来越复杂，因为它们有能力支持更复杂的基因。

如果你像我一样，就可能会疑惑为什么我们有两种性别，我知道我自己就好奇这一点。对于产生进化多样性、对抗病菌、增加复杂度、在竞争中获胜，如果两种性别比一种性别要强，那为什么没有 3 种或 4 种性别？要是那样的话，你以及所有的生物也许就能以疯狂的速度进行遗传创新了。作为一个初步假设，这听起来颇有道理，至少对我来说是这样。但我们必须时刻记住，总体上通过自然选择进行的进化，以及专门地通过性选择进行的进化，都只能以生物的现有状况为基础来使其变得更复杂。让多个世代的多个微生物同时相互作用，这种情形要么太过罕见，要么与一对一机制比起来并没有什么优势，因而实际上我们只有两种性别。生物体的下一世代只能从祖先已经拥有的复杂度或创新水平出发来进行创新。事情并不是“可想象的、绝对最适应的多父母机制生存”，而是“足够好者生存”。

尽管我们人类中的绝大多数都知道如何应付两种性别，在真菌的世界里，情形就有些不同了。好吧，它们每次也是两个相互作用，但拥有现在称为“交配类型”的东西，在性方面能与同一物种的许多其他个体和交配类型兼容，这些个体和类型在性别意义上差异很大。从这方面说，裂褶菌有 2.8 万种不同的性别，即 2.8 万种交配类型。对人类这样的两性生物来说，这实在是太神奇了。把真菌领域那非同寻常的基因共享方式放到一边，其他像我们这样的有性生物都只用两种性别（雄性和雌性）来解决问题。

毫无疑问，在人生中的某些时候，对于自己创造的某些事物，你会想要造出多个拷贝。这些东西可以是栅栏的木桩、生日宴的请柬，或者小型喷气式飞机的激光陀螺仪导航系统。开始动手做的时候，你可能会根据第一件作品来制作第二件，一个变两个，在自然界中也是这样的。比方说，利用周围环境中的化学能来自我复制的分子在复制时就只是造出一个复制件，然后这个复制件能够再制造一个复制件，依此类推。在此我们是在谈论分子水平上的事，因此，历经数十亿年——是数十亿而不是数百万——诞生的设计，是一个能将自身一分为二的分子。

在能够共享基因的原始细菌中，那些明显导致性别诞生的细菌在任何时候都只能与另一个细菌共享基因。我们在细菌中没有观察到多个伙伴共享基因，如今也只观察到两种性别。

自然最终选择了脱氧核糖核酸，即 DNA，一分为二在这个过程中是受青睐的或者固有的，合二为一也应当如此。在自然界里就是这样，没有人类参与。在人类中间也是如此。世界杯足球赛每场有两支队伍对抗，竞技体育或桥牌比赛都在两队选手之间进行，很难想象有别的方式。如果场上有 3 支队伍，也许能暂时坚持一下，但很快就会有人与他人结盟，使竞争变成随时一对一或说总计两方。

我保证，在赛马或扑克游戏里可以有多个个体或队伍参与。但如果整个性别体系是从一对一地交换基因的细菌开始的，就很难取消了。换句话说，一旦分子开始通过分裂来增殖，就很难有第三支队伍或第三个分子发展出来与二元系统竞争。也许在围绕另一颗恒星运转的某颗恒星上有一个拥有三元性别体系的生态系统——糟糕，说不定木星的卫星木卫二上就有，艾萨克·阿西莫夫在他的小说《诸神自身》里精妙地描述了这样一种观念。但如果我们让自然自己挑选，就会是二元设置。

人们创作了很多书籍、歌剧和游戏来描述两支对伍的队抗，还有无数的新闻报道与两性战争有关。男人与女人有时候——或说大多数时候——相处起来如此困难，如果没有进化，这将是一个难解之谜。

我们都有动力挑选配偶，不这么做的人无法将基因传递到未来。人类女性显然有动力选择一位愿意供养她和后代的配偶。如果没有别的因素参与，此类行为或动机将与性选择的原则一致。人类男性选择配偶的要求，按他的意见来说是适合把他的基因传递下去。女性要表现得矜持，使她的基因看起来有价值，就像老话说的那样，现在也是如此。不过说真的……万事都要适度。

放眼四周，我们社会里有这么多事物由性选择的过程驱使，无数微妙或不那么微妙的东西影响着这个过程，如睫毛膏、昂贵的手表、夸张的鞋子、跑车、香水、裙子、领带、牛仔裤、靴子,其他还有很多。且让我们把自己与所有其他生物比较一下，包括狗、猫、狮子、老虎、熊……还有乌贼和鲸。所有其他动物、所有植物都有特定的交配季节，但人类似乎没有。人类婴儿的生日广泛分布在日历的各个时段，为什么会这样？为什么我们这个物种纵欲过度？

主流理论之一认为，这是人为产物，是在进化过程中做到足够好的结果。两性战争之所以如此激烈，也许是因为我们都有着巨大的脑（与其他动物以及我的前上司相比）。这样的脑使我们得以认识到自身在万物中的位置，某种程度上带来了怀疑、利他主义、忠诚以及轻易做错事的能力。为了防止我们不去寻求交配，性选择过程变成了全天候的。不管这种现象来自何方，它确实有效。也就是说，虽然有心碎、忠诚、不忠、家庭批评和其他分散注意力的东西从中作梗，人类仍然以惊人的速度繁殖着。地球人口在 1 万年时间里发生了爆炸，从几百万增长到超过 70 亿。显然,性选择把我们对于交配的需求发展到了极致。

所以，作为进化的受害者之一，我还是去参加了毕业舞会。我承认这是一种机会主义的做法。我的约会对象花了很多时间在那些高年级男生身上。到毕业舞会的时候，我邀请了她，她同意来。显然，我俩谁都无法控制自己。最近我在同学聚会上见到了她，用时髦的话来说，她还是那么完美无缺。我想，在我那由性驱动的大脑里，这已经深深印刻在制造记忆的蛋白质中。

# 9　红王后的故事

在前一章里，我讨论了性是什么时候进化出来的，还探讨了它是怎样进化出来的。但你可能注意到了，我们（或者我）没有真正谈到“为什么”。为什么大家——我的意思是所有的生物——都有性别？我们为此付出的精力多得惊人。人类花在唇膏和美发产品上的钱数以十亿美元计。随便什么媒体上的广告都有约 1/3 在推销汽车——富有性吸引力的汽车。我们熨裤子，做指甲，努力让自己的气味好闻，所有这些都是为了吸引交配对象，某个能使我们拥有性爱和后代的人。为什么我们要这么费事地去吸引交配对象？为什么不自己独力完成这项确实万分重要的任务？为什么不索性素面朝天、开着灰土土毫无亮眼之处的小车？

性并不是唯一的生殖途径。比方说，人类不妨像那些没有自我意识（又或许颇有自尊心）的细菌一样分裂，DNA、骨骼、

肌肉、大脑和其他一切都分裂成两半，各部分在分离时形成新的膜和边界。每一方——我的意思是从原件衍生出来的两个个体内部——都造出一份亲本 DNA 的复制品。如果想象人这样分裂成两半有困难，请努力设想从母亲或父亲身上直接萌生出一个遗传上完全相同的婴儿。总体来看没有理由认为这种机制行不通，但实际情形并非如此，我们周围充满了修饰过的嘴唇、美化过的指甲、芬芳迷人的香水、健身俱乐部的会员资格、跑车，以及诸如此类的其他东西。

这还只是来自人类体验的一些明显例子。有一点比这重要得多：整个地球上有数以十亿计的其他生物从太阳和土壤中汲取能量来生产花瓣、雌蕊和雄蕊，制造光艳照人的附加部件，在枝条上长出果实，好让某个像我这样的二货不用花钱就拽下来带走，把籽吐在什么地方，那儿或许有合适的土壤和空间，好让它们的后代生长出来，结出自己的果实。这都是图什么？

鲑鱼游啊游，它们一生中大多数时候都在吃掉别的鱼，企图找到一条鱼类配偶以结伴游上溪流，产卵，用乳状的精子给卵授精，然后死去。这都是图什么？你可以试试看不拿这开玩笑：一只怀孕的大象要占用很大的空间，但让一只大象怀孕尤其困难[1]。

首先说，到我写下这些文字的时候，还没有人能有把握地

[1] 有一个经典笑话是这样的：“问：有什么事比把一头怀孕的大象塞进一辆大众甲壳虫轿车更难？答：在一辆大众甲壳虫轿车里让一头大象怀孕。”——译注

回答，为什么你、我、穿山甲和树会有性别。泛泛地说，有性生殖产生的后代有着新的基因组合，天生与父母都不相同，这会带来更多创新机会，有可能产出能更加成功地繁衍下去的世代。新的基因组合也许能修正遗传错误。

不过，关于性为什么有用，我们确实有一个颇为不错的理论，它把有性生殖放在进化论的大背景里讨论。这个理论就是适者生存——最适应世界尤其是生态系统者生存。关键在于竞争，而生物的主要竞争者并不是其他讨厌的大型动物：人类与狮子、老虎和熊共存基本上没有问题。给我们带来最多麻烦的坏家伙是细菌和寄生虫，它们能杀死我们，或者使我们丧失能力，从而无法生育或照顾后代。

我们不是唯一受细菌和寄生虫困扰的生物。舔一下嘴唇，你就可能吃掉了大约一百万个专门攻击微生物的病毒。根据悠久的传统，这类病毒被称为噬菌体（Phage，源自希腊语的“吃”，噬菌体会从里到外把细菌吃掉）。换句话说，就算是细菌这样相对简单的单细胞生物，也饱受噬菌体病毒的困扰，后者生命（或者生命边缘[1]）的唯一功能就是劫持细菌的新陈代谢，用以复制自身。

噬菌体有一个奇妙特征，那就是它们的专门性。也就是说，一种特定的噬菌体只攻击一种特定类型的细菌。噬菌体的表面能识别特定细菌上特定的蛋白质，并与该蛋白质相结合。细菌抵抗噬菌体的主要手段，就是一定程度上改变外膜上蛋白质的

[1]　有人认为病毒不算生命体，介乎生命与非生命之间。——译注

特征。生物个体本身没办法做这么大的改变，不过它们的后代在 DNA 复制时可以发生改变。随机改变有可能有助于它们对抗噬菌体，也有可能帮不上忙。请记住，我们这里说的是细菌，它们从一代到下一代的改变可能不是很快，但其繁殖速度极快，绝大多数细菌只要几个小时就能倍增，后代数量多得难以计数。这些后代免不了有许多是由不完美复制的基因组合成的新配置，其中有些能够抵抗会杀死其祖先的噬菌体，或者不被它们识别。

通过这样的迅速复制，细菌、病毒和其他不太复杂的寄生虫能给我们这类大型生物制造麻烦。细菌不断繁殖，偶然产生合适的基因，能够制造有着理想附着特征的蛋白质。而你、我和红杉树之类的大型生物可没办法几小时就繁殖一代，红杉树需要好几个世纪，我们需要很多年。为了在进化的竞赛中不被甩出去，我们——特别是我们的祖先——不得不发展出一套截然不同的机制，不然就永远没办法跟上噬菌体之类的病毒，后者正全副武装准备接管我们细胞的新陈代谢，用来对付我们自己。更准确地说，我们的远祖的确发展出了一套不同的机制，不然就不会有你和我在这里发问。

与细菌和寄生虫作战的关键似乎就是性，在某种层面上，这可能会让你不开心。那些唇膏、高跟鞋、美发产品、跑车……看起来都是细菌带来的。不过，艺术、音乐、美食烹饪也是。通过有性，蒲公英、水母、鲈鱼、长尾鹦鹉和白蚁之类的生物体成功地在生命的竞赛中保持领先地位，足以产生后代，后代在下一季节里能成功生育更多后代。

根据一个相对比较新的传统，该理论称为红王后理论。这个迷人的绰号来自刘易斯·卡洛尔的著作《爱丽丝漫游奇境记》和《爱丽丝镜中奇遇记》里的虚构人物爱丽丝。在故事里，爱丽丝遇到了红王后（根据许多记述，卡洛尔先生会不时地抽大麻，或许还喝上一两杯酒），她是一位象棋棋子人物，在某种仿佛“生命棋盘”的东西上移动。如果谁跟红王后待在一起，她的整个世界就都在运动……某种程度上。于是，为了进行谈话，爱丽丝不得不拼命地跑，这就是红王后的办公室或宫廷的日常情景。爱丽丝说：“在我来的地方，如果你整天跑，最后会到达别的什么地方。”红王后抬起她那皇家棋子人物的眉毛，说道：“噢，那听起来是一个非常慢的国家。在这里，为了留在原地，你要拼命地跑。”

显然，你、我和地球上所有其他生物所参与的进化过程，就像红王后的国度一样。在进化中，我们必须不停地跑；我们必须不断产生新的基因组合，使我们的基因能继续参与角逐。为了成为一个成功的生物，你必须产生后代，后代产生他们的后代，后者继续产生后代。请放心，你的家族确实这样做了，要不然就不会有你。这看起来可能有点让人烦恼：你的父母性交过——至少一次，如果你有兄弟姐妹，那就不止一次……简直不敢想。

像所有科学理论一样，红王后理论也可以用来对自然界中的现象进行预测。我与神创论者肯·汉姆辩论时，举了一种小

鱼（鳉鱼）为例。这种鳉鱼（孤若花鳉，*poeciliopsis monacha*）非常了不得，当日子难过、挑选异性的机会渺茫时，它们能产出直接发育成鱼的卵，无需另一条鱼的精子给卵授精。这称为无性生殖。当然，雄性鳉鱼和雌性鳉鱼也会在一起进行正常鱼类的性行为，实现有性生殖。

这种鳉鱼生活在墨西哥的河流里，如果不停下雨，就有足够多的池塘供鳉鱼安家。如果天气干燥，池塘被干燥的土地分隔开，鳉鱼会遭受一种扁虫类的寄生虫（称为黑斑扁虫，*Uvulifer ambloplitis*）袭击。与那些属于同一物种但周围有着充足的潜在配偶、可以进行有性生殖的鱼相比，在孤立鱼群中被迫自行繁殖的鱼会遭受更多的黑斑扁虫袭击。等一下，还不止是这样。这种差异还存在着梯度：在无性生殖程度较高的群落中，个体携带黑斑扁虫的比例也更高。

情况还远远不止于此。蒙特利湾水族馆研究所[1]的研究者鲍勃·威利吉恩霍克和他的同事在某个孤立池塘里发现了一个鱼群，其中有性生殖的鱼携带的寄生虫比无性生殖的鱼更多。他们发现，有性生殖的鱼中间存在近亲交配现象，它们更多地与兄弟姐妹而不是外来者交配。于是，无性生殖者带来的随机突变超过了有性生殖的那些，这实在出乎意料。鉴于这样的鱼和池塘很多，威利吉恩霍克把一些有性生殖的外来鱼投入到这个池塘的特定群体中。一个季度之后，事物回归原样，正像承

[1] 蒙特利湾水族馆位于美国加利福尼亚州，是世界上最著名的水族馆之一。——译注

认红王后的影响的人所预期的那样，无性生殖的鱼比有性生殖的鱼遭受更多感染。

我们生活在一个狂野的世界里。这些鱼是一个出色的例子，显示了科学理论所做出的预测如何被证实。在这个物种中，我们可以直接比较某种特定寄生虫对某种特定鱼类的影响，那就是奇妙的鳉鱼，它们能以两种不同的方式生殖。我们可以一个季度接一个季度地观察它们，无须像观察人类或红杉树那样等上几十年或几个世纪。

我能从学习进化论中得到如此之多的乐趣，以上是原因之一。这门科学真是精彩又性感！

# 10　狗全都是狗

人们喜欢狗。我希望，这是你在本书里读到的最不让人意外的一句话。我自己与我的狗类朋友进行过长时间的探讨，狗类朋友的意思是这些朋友就是狗。必须承认，我的这些对话很大程度上是单方面的。养狗的人碰到一起时，通常会互相询问各自养的是什么狗。他们说的是狗的品种：柯利牧羊犬、柯基犬（威尔士矮脚狗）、拉布拉多寻回犬、比特犬、狮子狗等。总的来说，什么狗我都喜欢，因为狗全都是狗，属于一个大型、会走路、会汪汪叫的物种。进化关系不由外表确定，而要看内在。如果雄性和雌性能勾搭在一起生出后代，根据最简单也最有意义的定义，它们就属于同一物种。

换句话说，我喜欢你们所有这些爱狗的人，但我必须用一桩基本事实来稍稍破坏一下你们的乐趣：从重要的进化意义上说，狗根本就没有特定品种。大丹犬与达克斯猎狗交配，生下的是狗；标准贵宾犬与杰克罗素㹴交配，生下的是狗；杂种狗与所谓的纯种狗交配，生下的也是狗，不会是什么别的东西。所有的狗都是同一批祖先的后代。因此，人们观赏养狗俱乐部那根据品种区分的展览时，是在参与一个颇为主观臆断的仪式。狗的种类或品种存在一个梯度或说谱系，“纯种”这个词是通过在狗交配问题上回溯的代数来定义的，但它并不代表物种或任何特定事物，真的。

现代家犬是狼或者比狼更早些的某个共同祖先的直系后代，没错，我说的就是直系。我们拥有机器和精心研发出来的试剂，能拆下并仔细清点生物体 DNA 里的核苷酸（编码化合物，就像装在旋梯上的横木），因而能直接对比 DNA，例如对比狼与新西兰蓝犬的 DNA。

在 20 世纪 50 年代的苏联，德米特里·别利亚耶夫在狐狸养殖场里做的一系列实验更加精彩。他和同事们研究了一批银狐，这种狐狸以其皮毛及与狼的近亲关系著名。研究人员观察银狐，用人类食物喂养它们。人类接近时更不倾向于逃走的狐狸会得到食物奖赏，并被选择出来允许交配。只过了几代，研究人员就培育出了对身边工作人员反应淡定的狐狸幼仔。新培育出的狐狸狗或狗狐狸亲近人类，会高兴地摇尾巴，呜呜叫着寻求注意，在实验人员身上舔来舔去表达喜爱，有些甚至长出了软软的耳朵，挠起来很方便。

狼的驯化应该经历了同样的过程。它们愿意保护我们的祖先，仿佛我们的祖先是它们中间的一员，这显然是人类提供食

物和很棒的狼－狗栖身之所带来的结果。从遗传上来说，所有的现代狗基本上都是狼。我们人类决定了允许哪些狼－狗交配，从而选择出我们想要的狼－狗特征：友善，喜欢拥抱和依偎，活泼爱玩，会保护人类。

达尔文花了很多精力研究生物应当怎样合理地与其他生物归为一类，特别是哪些生物属于同一物种、有能力共同繁殖后代。他观察到，他的同行们认为属于不同物种的许多玫瑰实际上只是略有区别的不同玫瑰品种，很容易共同繁殖后代或说杂交。达尔文的鉴别使很多人感到迷惑。不同的玫瑰在形态特别是颜色上一代代大不相同，但只有通过察看它们是否能杂交并产生后代（更多种子或果仁，更多玫瑰），才能确认它们到底属于同一物种还是两个不同的物种。

达尔文造出了“人工选择”一词来描述人类园艺师、农民、马和狗的育种师成百上千年来所做的事：创造出更好或更有用的动植物品种。

美国国父乔治·华盛顿也这么做过，他花费了大量时间、精力和能源来进行小麦育种。他用放大镜和镊子从一株麦子上取得花粉，给另一株麦子的卵细胞授精。农民们一直在控制哪些种马与牝马交配。如果没有别的因素影响，他们会把牡马阉掉。唉哟！达尔文观察到，农业育种过程正是自然界里发生的同一个过程。他认为，农民和育种师决定哪些基因要传递给下一代，就是人工进行的基因选择。（尽管他没有使用遗传学这个词，这个词要在很久以后才会出现。）

我们仍然使用着达尔文的描述或形容词“人工”，这种用法带着某种哲学意味。但是要注意，从麦子、马或贵宾犬的角度来看，人工选择与自然选择是一样的。假设你是一株麦子，正操心着自己的事。你的卵细胞被花粉授精，也许是风把它们带到了一起，也许有一只蜜蜂造访过几朵其他麦子的花，把一些外来的花粉洒在你的卵细胞上，又或者是一位农民仔细地把一株小麦上的花粉摇到另一株小麦的卵细胞上。作为后代植物，你是无法感受到其中区别的。从你的角度来看，不管是昆虫给你授粉还是人类给你授粉，拥有吸引另一物种的特征，这一点都是一样的。

有趣的是，神创论的信奉者相信某位神祇在几天内创造了整个生态系统，但他们也从人类不断培育出更好或更有用的动植物品种的能力中受益。为了回避这个明显的矛盾，他们经常对其称为进化和非进化的东西加以复杂而主观臆断的区分。

尽管人工选择与自然选择在本质上相似，但从观察者的角度来看，两者有着很大差别。在许多情况下，人工选择是为了人类需求服务的，而不顾及对自然的适应。对此的一个合理衡量标准是生物体（比如一株小麦、一株大豆、一匹夸特马或者一条比赛用的灰猎犬）能否在没有人类照料、负责施肥或喂食、控制其交配节奏的情况下生存。对上述 4 种生物中的 3 种，答案都是“否”，即人类使它们得以生存。如果你将人类与其他生物区别看待（就像认为一位神祇赋予我们人类统治地球的能力并加以指导），那也许我们就有别于自然，我们的遗传操作就

是我们的神圣使命。另一方面，如果将我们视为自然的一部分、世界范围的生态系统的一部分，则我们名义上的人工干预根本就不是人工。我们和我们的行为都是自然的组成部分。

请注意，正如狗全都是狗，大多数其他驯养生物仍然属于它们的野生物种。夸特马仍然是马，春小麦仍然是小麦。人工选择提供了线索，揭示生物群落怎样分隔得足够远，从而真正成为不同的物种。例如在野外，三文鱼群落因为同一条河的支流水流变化而被分隔开之后，彼此孤立的不同群落的鱼在外表上可能会有点不一样。但如果它们被一起放回三文鱼孵化场，仍然有可能共同繁殖后代。有些科学家将它们称为亚种。如果彼此隔离足够长的时间,或者独立孵化足够多代,最终可以预期，这些鱼类将无法跨群落繁殖，因为每次繁殖、产生的新鱼 DNA 中的基因都会发生微小的变化。

最终可以预期，这些亚种将会产生太多变化，以至于不能再共同繁殖后代。不过必须记住，这仅仅是因为我们直觉上认为鱼类只能在某个特定的物种内部繁殖。也许自然会允许一个谱系存在，其中有些物种能杂交，有些不能。它们可能看上去各不相同，就像不同品种的狗，但仍然属于同一物种。把外表与内在的遗传本性搞混，在人们谈论人种时也很明显（详见第 32 章），后者分外恶劣。我要说的是，人类在理解自然方面的困难可能比自然理解我们的困难要多得多。

# 11 生命之树，或者生命之灌木丛

人们通常用“家族树”来描述亲属关系图，但这个表达太过普通，你在说起它的时候可能根本没有想过其中暗藏着什么隐喻。追溯祖先能描绘出一条谱系之路。你和你可能有的所有兄弟姐妹都是从你的父母那里分出来的；如果你有孩子，他们是从你和你的伴侣那里分出来的，依此类推。这个习俗有点让人糊涂，因为直观上说来后代应该是往下的（后代应该在后面嘛，对吧？），但树是往上长的。不过这个比喻非常有用，不仅是对描述家族关系，对描述范围广大得多的不同种类生命之间的亲缘关系也是如此。因此，且让我们沿着这个比喻往下爬，一步一步……或者毋宁说一枝一枝地回溯得更远一些。

从家族树的最末端开始——也就是你所在的地方——开始往下爬，在下面的树枝上你会遇到先辈，也许是来自你祖母的配偶那一系家族的祖先。继续往下就会开始遇到陌生人，你从

未见过的人，遥远得你从没听说过的祖先——假如你懂我的意思。沿着家族树进一步往下，我们会遇到智人与其他类人物种分家的枝桠。到这里，这棵树开始包含进化的全局。朝树根处攀爬，会与黑猩猩和大猩猩相遇，在那之下是猿与我们的远古共同祖先。继续往下，我们会经过灵长类，开始遇见其他哺乳动物，包括狮子、老虎、熊、独角鲸、跳羚和蝙蝠。

继续向下攀爬，会遇到那些孕育其他生物的枝桠，这些生物乍看上去似乎与我们的关系并不近（甚至与我前上司的关系也不近……）。我说的是蜥蜴、鱼和金盏花。通过一番逻辑推理可以认识到，我们全都是树根所在之处唯一一种原始生命的后代。我明白，我明白，这一开始有点让人难以相信，但在微生物水平上，我们彼此相似的程度全都远大于不同的程度。

地球上所有的生命都拥有 DNA 或其化学伙伴 RNA。RNA 是核糖核酸的缩写，它通常是单链结构，而 DNA（脱氧核糖核酸）是更复杂的双链结构 [ 词根 ribo（核糖）源自“糖”的一个古老称呼，后者是用一种称为 gum arabic（阿拉伯树胶）的化合物制造出来的，其形容词形式是 arabinose，由此衍生出 ribo]。

对我来说，生命的通用编码带来了一个重大问题，一个对我个人造成巨大冲击的问题。由于人生中的一连串意外事件，我成为了行星学会的会长，这个学会是本校[1]教授卡尔 • 萨根参与创办的一个组织。我接受这份工作，是因为实在好奇地球到底是特殊的还是寻常的。我的疑问还有：生命进化出来的方

[1] 康奈尔大学。——译注

式在别的星球上是不是跟地球上的类似，或者可以另有完全不同的进化路线？换句话说，DNA 或类似物质是不是生命的关键特征？弄明白这一点的唯一办法，就是去弄明白。

但对那些持神创论观点的人来说，生命的共同化学机制描绘了一幅完全不同的图景。他们宣称，这表明我们都是一位设计者的产物，这位设计者在一瞬间按照同一个计划创造了万物。

这种推理方式也会引发疑问，不过是些让人恼火的疑问。如果存在一位设计者，为什么他或它要创造那些已经不复生存的生物的化石？设计者为什么要造出非放射性元素的放射性元素化学替代物？如果设计者在一瞬间创造了整个体系，为什么我们在化石记录里观察到的设计程序在持续变化？简单地说，为什么要费事把一切搞得这么乱七八糟？如果你是一位神创论者，读到这里时也许想发表诸如此类的意见：“嘛，他就是这么做的嘛。”我马上会告诉你，这既不合理，也不能让人满意。如果我们这会儿是队友，我会说：“认真点儿好不好！”

还有一点：如果确实存在设计者，我觉得其作品应该比这更好些。比方说我觉得不应该有感冒病毒，或者，如果病毒是设计者用 DNA 分子进行设计带来的不可避免或意外的后果，我也觉得我们应当对这些意外的病毒有免疫力。如果说“这就是计划的一部分”，那我就要问：你怎么能把缺乏计划存在的证据作为计划存在的证据？这简直就是胡扯。

与其沿着一棵树往上爬，我宁愿设想生命沿着时间线运动，就像我沿着时间穿越美国。生命之树会长出旁枝，时间则从左

边遥远的过去一直通向右边的现在。不管我们怎样去理解生命之树分枝的特征，都是在回溯。我们检验化石，竭尽所能估算化石所属岩层的年龄。除此之外还能怎么做？在时间本性的约束下，我们必须从今天出发，不断向过去推进，在遇到生命之树的分枝时注意到它们。

窥探生命过往的方法是检查化石，通过特定化石形成时岩层的年龄来确定某个分枝最初出现的时间。已知的最早化石属于细菌，它们当年显然生活在池塘或浅海里，位于如今的澳大利亚西部。细菌化石形成的层状物称为叠层石，新陈代谢使细菌释放出碳酸钙，也就是白垩——贝壳和石灰石的成分。气候原因使远古的池塘干涸，细菌层变成了石头，它们有 35 亿年历史。

检查年轻一些的岩石，会找到更复杂生命的证据。从海底仅几米深处取样，就能发现许多微小海生生物的沉积物。这些微小化石呈漂亮而复杂的锥形或网形碟片、螺旋，它们是远古海洋生物的栖身之所或身体。这种微小化石通常像大头针的头那么大，在 1 立方厘米的海床沉积物里能找到数以百计的这类化石，只要你知道上哪儿去找。

清点地球上不同生物的数量时，沿着时间回溯得越远，找到的种类越少。这意味着，进化会自然而然地使生物种类越来越多。在这个意义上，它确实很像一棵树。树长得越高，生出的枝条和分叉越多，每个分叉都会生出另一根枝条、另一个分支。这正是生命之树比喻如此有力的原因。

“生命之树”这个词是由达尔文本人造出来的，他用一幅速写描绘了生命的自然史上的各个分叉点。我们现在学习物种之间的关系时，会看到如今物种的数量比远古时代多得多。即使把 5 次（或 6 次）大灭绝事件算进去，情形也是如此。这种多样性以及新物种的诞生，暗示着你、我和生命之树上的其他动物与所有其他类型的生物都有亲缘关系，就算我们可能并没想到会有关系。

在一个半世纪的时间里，各个领域的科学家（生物学家、古生物学家、考古学家、病理学家、免疫学家和太空生物学家）对所有生物进行分类，包括活着的和已经灭绝的，以填满生命之树上所有的枝桠。你也许会认为，到现在我们应该已经完成了全部草图，而且肯定觉得大家至少在主枝桠上已经达成了共识。好吧，其实还没有，不过我们在努力。

20 世纪 70 年代，人们研究了一批以前科学上未知的生物，相关发现使我们必须重新思考哪些生物之间有亲缘关系。很长时间里，科学家一般认为生物分为动物和植物两大类，到现在人们还常常用组织化的名称动物界和植物界来称呼它们，但从进化的角度——也就是说从哪些生物在哪些生物之前出现的角度——来考虑之后，科学家认识到，植物与动物之间的共同之处比它们（或我们）与地球上所有其他生物的共同之处更多。这是一个令人震惊的事实。我们这个星球上的大多数生物都是微观生物，它们跟你之间的差异比你跟白菜之间的差异还要大。

科学家沿着生物之树往下爬，或者你可能会说他们是沿着进化的时间线从右往左移动，不管是哪种方式，他们都藉此重新评估了哪些生物看起来与哪些生物有亲缘关系。在我写下这段话时，大家的观点是自然孕育了 3 种或 4 种基本的生命类型，或说生命域。我倾向于认为是 4 种，即细菌域、古生菌域（与细菌存在重大区别的微生物）、真核生物域（即我们、动物和植物加在一起）和病毒域。你也可以管最后一类叫病毒（Viruses）。（我上学时学过一点拉丁语，倾向于用这个特定的第二变格名词的复数形式来描述这个特定的生命域或接近生命的域。）

并非所有人都同意病毒配得上自成一域。一种传统的反对意见是，细菌并不是真正的、完全的生物。它们要在宿主细胞里才能繁殖，无法自行生殖。病毒不自己汲取营养，也不能维持稳定的代谢。它们可以长时间不与环境发生相互作用而保持原状，没有能量进出。

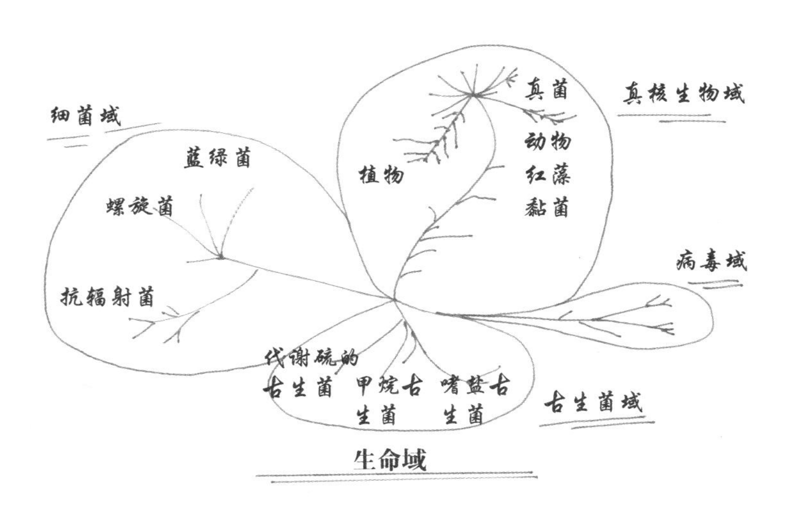

我认为，如果没有其他的生命域供病毒寄生，病毒根本就不能存在，病毒与其他形式的生物相互作用，这使它们与我们的相似之处多过相异之处，当然也就更像生命而不是非生命。近来发现的巨型病毒（如 Mimivirus 和 Pandoravirus）更强化了上述观点，这些病毒非常巨大，使病毒与细菌的界限都变得模糊起来。同时，病毒显然不属于其他任何 3 个生命域。对我们来说，它们理当在生命之树上拥有属于自己的重要分枝。

厘清了生命域之后，对于要不要继续使用越来越精细的旧体系，有点让人纠结。如果这么做，就是域、界、门、纲、目、科、属、种。噢，但愿有那么齐齐整整。在仔细研究了生物的 DNA 和细胞结构之后，科学家还搞出了总科、亚科、下界之类的术语。这些词造出来只是为了帮助研究者们理解全貌，在此略过这些乱成一团的细节。

对我来说，这里面最重要也最令人困惑的地方在于古生菌与细菌分离成为不同的生命域，生物学家们在过去 30 年中才认识到这一分离。毫无疑问，你对细菌很熟悉。古生菌跟细菌一样很微小，放大了看就更像细菌，但它们的内部截然不同。在许许多多的微观生物中，有些有细胞核，有些没有。在没有细胞核的那些中，有的利用几种蛋白质形成的序列来处理或代谢周围的化学物质，以获取能量；有的用一半数量的蛋白质组成更简单的序列，来实现同样的功能。人们现在认为，那些简单的属于细菌域，复杂的属于古生菌域。此外，古生菌外层的蛋白质和脂类膜比细菌要复杂一些，有时只是更厚一些。病毒则

自成一个体系。

对研究这些生命域的人来说，其间的区别显而易见，细菌和古生菌都没有核，而你和我有核……在我们的细胞里。这就是为什么我们属于真核生物（Eukaryotes），它源自希腊语的“有果仁”（有核）；古生菌和细菌属于原核生物（Prokaryotes），意思是“果仁以前”（核以前）。这对生命的自然史有着令人震撼的重要意义。

随着科学家研究思考我们与其余众生，也就是地球上所有其他生物之间关系的特性，分类学接下来的步骤变得有点模糊。如果接下来讨论界这个术语（它比域低一个级别），就会得到大概 5 个界。所有人都认同真菌的存在，它们拥有自己的界，即真菌界。还有一类生物称为原生生物，通常归入原生生物界（疟原虫就属于这一类）。接下来还有单细胞的真细菌界（Eubacteria），前缀 eu 在此指真正的细菌。然后是原核生物——内部没有核。然后是植物界，以及你和我所在的动物界。

从这个角度看，人们了解最少的界是古生菌界，然而它可能是所有生命的源头，这是一种惊人的见解。

你可能觉得这个版本的生命之树看上去有点复杂，没错，是有点复杂。但我得补充：它也很酷。生物活着，坚持着它们的生存和繁殖大业，不管你我是否知道谁进化成了谁、病毒应当归在哪一类。但有了新的基因工具，生物学家就能弄清 DNA 和 RNA 分子上的氨基酸序列。哪些类型的生物最先出现？我们正前所未有地接近这个问题的答案，然后还能提出一系列全新的、意义重大的问题。

关键在此：为什么所有生物都显然源自单一祖先？是否有其他类型的原始生命曾经尝试生存和繁殖，但未能坚持下去？有可能生命曾诞生过不止一次，而你我是一场远古选择的产物。在第 36 章末尾我将回头谈到这个问题。

# 12 生物多样性出现

近年来，科学家投入了很多精力研究地球的生物多样性，即生命的所有种类。人们讨论生物多样性时，多数情况下是从生态学和自然保护的角度出发，但它的意义远远不止于此。生物多样性是可以量化的，它是进化成果的度量，相当于迄今存在和已经灭绝的所有物种的所有群落的一个总索引。

观察化石记录可以发现，自生命于约 35 亿年前诞生以来，生物多样性总体上就一直在增长，生命之树越来越枝桠丛生。如果我们确实全都是同一位共同祖先的后裔，上述情形就正在预料之中。每次繁殖时都有可能发生变异，变异可能对后代有益，也可能无益。如果有益，该生物及其基因生存得足够好，能够成功繁殖，就会把基因一代代传下去。在地球各处，这样的事情一直在不断发生，最终产生了分布在世界各地的诸多物种。

我们现在来确认一下生物多样性渐增的趋势是否为定论。

如果世界及所有动植物物种都是由某种超自然力量或事件在一瞬间创造出来的，人们在地壳中向下掘进时，将只会看到熟悉的、现存物种的化石。或者如果曾经发生过一次巨大变迁，就像《圣经》中描述的那样，就会在较浅的地层里发现许多现已灭绝的物种的化石，然后突然中断（对应着伊甸园的终结，或许可能是诺亚的大洪水），随后在更近代的地层里就只有现代物种。然而我们观察到的不是这样，完全不是。

不存在大洪水之前与大洪水之后化石的分野，也不存在伊甸园之前和伊甸园之后化石的分野。我们看到的是一个连续统，呈现出生物多样性逐渐增加的趋势，这正是达尔文进化论所预测的情形。一次又一次的复制，一个又一个发生微小变化的机会，使得足够好的、能帮助物种赢得竞争的性状逐渐散播开来。最初，生物相对稀少的开放环境以及小种群之间的隔离助长了新物种的诞生。随着更多不同种类的生物出现，更多数量和种类的环境和能源资源得到开发利用。正如我们所知的，能够减缓生物多样性自然增长的事物，有小行星撞击地球之类的灾难、小型灭绝事件或大范围的泥石流，当然还有我们。人类显然正在制造大灭绝。

当然，证据并非完美无缺。观察从世界各地发现的化石、编纂化石记录时，我们必须预见到其局限性。无论如何，假如有一群生物在30亿年前被埋藏并最终变成化石，能历经漫长时间存留下来的化石会逐渐减少。地质板块会移位、滑动；地表会干涸而后又被淹没，往往重复多次。化石埋在地里的时间越

长，受损、被毁或溶解的概率就越大。然而就算考虑到这一点，我们还是发现更近代的化石具备更丰富的生物多样性。

驱动所有这些多样性的是能量。在科学课堂上，人们喜欢说，能量是让事物运动、奔跑或发生的东西。因此，它与生命系统同在，生命需要能量来生存、运动、生长和繁殖。扪心自问："生命可以利用的最多的能量在哪里？"答案是至少有两个来源，第一个是阳光，第二个是来自地球内部的原始能量。对于其他星球上的生命（如果它们存在的话）也是如此，我在后面会谈到这一点。

不管你是绿色植物，还是某种能吃掉绿色植物的东西，或者能吃掉那些能吃掉绿色植物的东西的东西，都会在赤道附近找到最丰富的阳光。热带雨林和热带珊瑚礁里的生物数量比北极和南极冰原上的要多，这一点也不让人意外，尽管有人类科学家在北极和南极驻扎。除了生物个体的数量，在赤道附近观察到的生物种类也比南北极地区更多。

此外，多样性还存在着梯度。亚马孙雨林每平方米、每亩、每公顷或每平方千米里的不同生物种类，比伯利兹或危地马拉雨林里的更多，后者的生物多样性又比加拿大北部寒带森林要高。新西兰的北岛更接近赤道而南岛更靠近南极，北岛的生物多样性比南岛略高。其他一些地方因素特别是降雨会影响多样性，但总体上的趋势就是这样。仔细想想，也许你自己就看到过这种现象的证据。如果你住在美国或到美国旅行，不妨比较一下路易斯安那州湿地那茂密的植物与明尼苏达州密西西比河源头的情形。

地球上能量输入最多的区域也是生物多样性最丰富的区域。沿着赤道向北或向南，生物多样性从多变少，这是进化的另一个证据。生态系统经历了漫长的岁月，一个生态系统运行得越久，就能复制出越多的生物。生物数量越多，它们能携带的变异和变种就越多。后代的多样性再加上极为漫长的时间，就产生了生物多样性丰富的生态系统。

依赖地球内部能量的生物，能量特征与以上完全不同。铀和钍等天然放射性元素的裂变使地球内部保持熔融状态，当热量找到通路接近地表时，人们就能直接感到这种能量的存在。它驱动着蒸汽间歇泉、深海热液喷口、火山和地震。但在过去几十年中，科学家发现它还驱动着海底的整套生态系统，这是一个此前不为人知的生物多样性领域。

探索深海很困难，它寒冷、有腐蚀性、压力巨大，我们送下去的任何设备都必须能经受这些严酷条件。除此之外，海底还非常黑暗，深海潜艇或潜水器发出的照明光通过几米深的海水就会被迅速吸收，能传回的图像大约只能展现一个较大起居室体积内的情景。研究深海地貌时，只能偶然看到生命迹象，除非是在深海热液喷口地带。在这些非同寻常的地方，地热提供着能量，使生态系统能在黑暗中生存。这里有数量惊人的红端管虫、奇形怪状的鱼、白化的螃蟹，还有足球那么大的蛤蜊。把这种蛤蜊带到水面上来打开的话，它们看上去像牛排，但气味像沼泽地。

生活在深海热液喷口周围的动物，与生活在海洋表面附近的生物大不相同，其新陈代谢的基础是与高温、富含营养的海水发生化学交换，我们将这种过程称为化学合成，有别于绿色植物的光合作用。生活在那里的蛤蜊需要热量和硫化氢（这东西对人有毒），而海面附近生活的蛤蜊依赖于浮游生物的光合作用，它们把浮游生物吞进消化系统。虽然深海地热喷口生态系统引人入胜而又光怪陆离，但其生物多样性远远低于直接吸收阳光的那些生态系统。迄今在深海热液喷口发现了约 1300 个物种。而在亚马孙热带雨林典型的 1 平方千米中，仅仅昆虫就有 4 万种。加上树木、猴子、蜘蛛、蛇等，雨林的生物多样性要比深海热液喷口高出上千倍。为什么会这样？

从根本上来说，这是因为深海里可以利用的能量较少。此类热液喷口有的温度高达 400 摄氏度，但这样的热点集中在一片很小的区域里，只有几百个已知地点，沿着海底火山活动活跃地带分布。（在这个深度上，水不会沸腾，因为上方海水重量产生的压力使蒸汽气泡无法形成。）相反，地球表面每个区域都能接收到太阳能，强度高达每平方米 1000 瓦。

我岔开去讨论深海热液喷口，是因为它为进化怎样运作提供了进一步见解。深海里每平方米的物种数量比阳光照耀的森林要少，这正是我们预料到的情形。在地球表面我们居住的地方，有着更多能量来驱动更多生物。它们繁殖得更快，产生更丰富的生物多样性。在寒冷的深海，只有存在充足能量支持生态系统的地方，生命才能存在。海底没有那么多能量来驱动生物多样性的机器。

20 世纪 90 年代我拍摄《科学人比尔 · 奈尔》的时候，用一整集来讲生物多样性（第 9 集）。当时我们确信，最具多样性的生态系统不在世界上的 292 条主要河流中，不在浅海区域（如珊瑚礁）里,而有可能在河口——河流汇入海洋的地方。在那以后有人提出，赤道附近的雨林是多样性最丰富的生态系统。不管答案是哪个，生物多样性最丰富的地方都是淡水资源丰富的地方。

从太空中看地球，海洋是能看到的最大片的连续区域，因此一开始你可能以为海洋是各种生物最丰富、生物多样性最丰富的地方。而且，我们中的大多数（也就是说生物中的大多数）体内都充满了液态水，从而可以认识到生命诞生于海洋中。考虑到海洋生物可用于进化的时间更长，可以预想其结果。你可能认为，海上有阳光和充足的深水营养混合物的地方就是生物多样性最高的地方。但一般而言，海洋并不是我们所发现的最具多样性的生态系统。

诚然，珊瑚礁有着丰富的生物多样性。我曾在夏威夷、太平洋西北部和加利福尼亚沿岸潜水到珊瑚礁中，可以告诉你，那儿不同鱼儿的种类多得一小时都说不完。我经常会想到自己看不见的物种：细菌、病毒、透明的刺胞动物（水母，俗名海蜇）、看上去像石头的海绵动物。不管哪里，游儿下的距离里就有成千上万的物种。

同样，我沿着伯利兹的西奔河、新西兰的费利纳基河和美

国的霍河行走在雨林中时，周围正在发生的事件多得让我受不了。当你在这些地方行走时，会感觉到周围有无数物种在蜂拥、发芽、捕食、被捕食。如果你告诉我这是地球上最具生物多样性的地方，我会相信的。

根据个人体验，你大概知道盐水不能喝，它会让人难受。你也许还知道，除了少数几种了不起的物种，海鱼不能放在淡水里，反过来也一样，不然鱼会死掉。你在学校里可能做过一个经典实验，化学家称之为渗透作用：用醋把生鸡蛋的壳溶掉，然后把一只没有壳的完整生鸡蛋放进蒸馏水中，另一只放进盐水中，可以观察到水分子缓慢地穿过鸡蛋表面的膜，渗到盐度更高的那一侧。蒸馏水里的鸡蛋会膨胀，盐水里的鸡蛋会萎缩。你也许会想到，同样的膜化学机制能够把两个生态系统隔离开来。在某种程度上，它们确实是彼此隔离的，除了河口区域。

在河口，即河流入海的地方，存在着淡水生物多样性与海水生物多样性的混合。两个系统并没有哪一个压倒或消灭另一个，而是合作共存。之所以出现这种情况，可能是因为有着丰富多样性的生态系统能随着周围环境的变化作出调整。这是另一个可检验的进化理念,科学家已经在着手检验它是否正确——多样性丰富的生态系统是否的确总体上更加顽强。

对生态系统的韧性进行量化是有可能的，可以通过测量环境条件巨变前后该系统里所有生物的数量和质量来进行。如果发生干旱，或者降雨量异常大，或者气温突然变冷或变热，那么系统的多样性越高，其中物种生存和繁殖的机会就越大。这是假说。要对此进行研究，至少有两种方法。我们可以观察生态系统里哪些地方多样性减少、哪些地方多样性增加，也可以对多样性非常高和非常低的生态系统进行同样的观察。不管用哪种方法，这个理论都经受住了检验。更丰富的多样性确实会造就更顽强的生态系统，这解释了河口的物种为何如此丰富。淡水生态系统和海水生态系统本身已经拥有大量物种，这张厚密的生命之网帮助海水生物适应淡水环境，也帮助淡水生物适应某种程度上的海水环境。多样性带来更丰富的多样性。

反过来似乎也成立：多样性较少的地区失去多样性的风险更高。不幸的是，如今要找多样性已经在减少的地区，简直毫无困难。人类对世界各地如此之多的环境带来了浩劫，以至于基本上已经不存在未被破坏的天然区域。我在太平洋西北地区沿岸爬山很多年，很清楚地记得登上圣海伦峰、望向北方雷尼尔山[1]的瑰丽景色时，会看到一层明显的雾霾。你不需要很懂空气污染就能得出结论：这雾霾来自我们热爱的城市西雅图和波特兰。气传昆虫群落无疑会受影响，雾霾会使它们的数量略有减少。能在火山土壤中发芽生长的植物数量也随之略有减少，因为昆虫尸体带来的、可供植物吸收的氮减少了。那景色仍然壮丽动人，但已不是那么质朴和原始。

如果你实在想要体验浑身起鸡皮疙瘩的感觉，就去找一家集中型动物饲养场参观好了。哇，牲畜们被关起来，喂饲能让它们迅速长肥的食物。它们的胃口会摧毁任何牧场，排泄物会

[1]　雷尼尔山，美国华盛顿州的一座活火山，拥有雪冠和冰川。——译注

污染任何流经此地的水体。当然，人们还给这些牛服用大量抗生素，以抑制容易在动物之间传播的疾病，而这会使病原体迅速进化，导致前面所说的抗生素失效。就这样下去，我们吃肉的同时也在制造新的疾病、破坏水体。我确信，在理解了这一过程之后，我们能做得更好。但愿如此。

在现代的大规模农场里，我们会看到成千上万公顷的土地种着同一种作物。这种“单一栽培”使农民和农业机械在作物成熟时可以更容易地收割，也使作物更容易受单一的害虫或病原体袭击。如果你是一只玉米螟，你和你的幼虫在理论上可以痛快地在成千上万公顷土地上数以百万计的玉米秆和穗子上大吃特吃。在人类建造的农场体系里是这样，在自然界里似乎也是这样。单一栽培系统一旦出现，就容易发生问题。

通常，森林生态系统，特别是温带森林生态系统看起来很像单一栽培的。比方说从空中看，加拿大西部看上去就是无穷无尽的冷杉树林。但巨大的天然常绿林与人造林之间有一个重要而明显的区别：年龄。天然林里有着各年龄段的树木，老树比较高，新树比较矮。更重要的是，死去的树木会为后代提供营养。森林地表有着微生物系统，支持着活树的根系，使树能够进行光合作用并生长。在看上去整齐划一的常绿林里，有着数量巨大的、无形的生物多样性。

在西北部太平洋地区的春天，飘落的花粉太过厚密，看上去像黄色的雾霾。就算你不过敏，也会感到鼻子里进了花粉。从物种上来看它似乎是单一的，但从年龄和腐坏阶段来说不是。

走在高山湖的荒地里，很容易看见新生的树苗从死去或倒伏的老树上长出来。根据一种可爱的传统,死去的老树树桩被称为“护佑树桩”，它滋养着自己的子孙。考虑到是人类砍伐树木使它们死亡，这个说法颇有讽刺意味。

为了显示生物多样性的影响，科学家进行了一些了不起的实验。在野外，研究人员在一片地里种上单一品种的草，另一片地种上物种多样性 10 倍之多的多种草。起初几年，单一作物的草地生长得特别快，看上能比多样性丰富的草地产出更多的植物物质，即所谓的“生物量”。但大概 10 年后，多样性较高的草地胜出，比单一作物的草地产出更多的生物量和更健康的植物，从而使依靠草丛生活的动物群体也更健康。

这是显而易见的，因为多样性提高了生态系统的能力，使其能更好地经受变化，包括天气变化、气候变化以及新物种的引入。试着举个简单的例子：假设有一片单一作物的草地和一片多样性高的草地，在多样性高的草地中，每年不同物种的草和花产生花粉的时间略有不同，产花粉和结籽的时间会错开几个星期甚至几天。授粉动物（如蝙蝠、鸟类和蜜蜂）的工作量较为稳定，能参与每个不同的产花粉周期。另一方面，在单一作物的草地里，所有的草都同时产生花粉，授粉者就会太少。而在花蜜和花粉丰富的周期之间，蝙蝠、蜜蜂和鸟类种群没有办法自我维持。草、鸟、蜜蜂和蝙蝠都会吃些苦头，缺少了生物多样性，每个物种都不那么成功。多样性带来韧性。

人类对地球环境的影响随处可见。我们在破坏环境：公路沿途的塑料袋、垃圾填埋场的难闻气味、碳酸（二氧化碳溶于水时形成）导致的珊瑚白化、中国和非洲大片地区的沙漠化（在卫星图片上清晰可见），还有太平洋上大片的塑料垃圾，所有这些都直接证明了我们对世界的影响。我们以每天一个的速度消灭着物种，据估计，人类导致物种灭绝的速度至少比自然速度快 1000 倍。

许多人天真地（有的也许是自欺欺人）说，物种损失没有那么重要，毕竟，化石记录表明地球上存在过的生物物种约有 99% 已经永远消失，可我们现在也过得挺好。人类身为生态系统的一部分，再消灭很多物种又有什么了不起？只不过是在消灭我们不需要或者未曾注意的生物罢了。

这种观点的问题在于，尽管我们在某种意义上知道单个物种即将或曾经遭遇的命运，但并不确定这个物种所在的原生生态系统会面临什么。我们无法预测整体的、复杂的、内部彼此相连的系统的行为，无法知道什么会变糟，什么会变好。然而可以确信，通过减少或毁灭生物多样性，世界的适应能力会下降。农场产出会更少，水更脏，大地更荒芜，医药、工业生产和未来农作物可以利用的遗传资源更少。

生物多样性是进化过程的产物，也是一张保障进化过程持续运行下去的安全网。为了把我们的基因传递到未来，使我们的后代能长久繁荣地生存，必须逆转当前的趋势，尽可能保存更多的生物多样性。如果不这样做，我们迟早会出现在灭绝物种的化石记录中。

# 13 化石记录与大爆发

人们谈论古代生命时，经常会提到化石记录。不过有一点要说清楚：化石记录并不是一份整齐清楚的记录。摇滚乐队录唱片是在录音棚里有条不紊地把歌曲录下来，化石记录不是这样建立的。化石证据嵌在地球岩石里的方式，更像是乐队用一个有故障的麦克风录音，碰巧录下了大多数曲子，而且录制完成之后，几乎所有的最终版本都遗失了。大多数生物没有留下化石，大多数化石位于不可能被人们找到的地方。古生物学家居然能重建植物和生物个体的生命历程，实在令人佩服。更令人惊奇的是，他们找到了足够多的化石来推演出进化繁荣期的广阔图景，其中包括一场疯狂的创新，它带来了今天生活在地球上的所有大型动物。

让我们暂且退后一步，思考一下变成化石需要什么条件。首先，你需要被埋起来。我不知道你是怎么想的，但我自己倾

向于先死了再被埋起来。不过从化石猎人的立场出发，死者暴露于阳光中、被冲刷到海里或被嘴很厉害的鸟儿啄食的时间越短，就越理想。这听起来很惊悚：对古生物学家来说，把标本活埋才是最好的。长眠之地通常要潮湿，以便有效地把生物埋起来。然后潮湿的沙子和土壤要彻底干燥，以免微生物让遗骸腐烂。接下来，遗骸必须长时间待在那里，通常需要数以百万年计的时间，使矿物质缓慢渗透进去，将曾经活着的生命构造变成石头。

这一系列非同寻常的事件形成的记录，其不完整程度需要穷尽你的想象力才能想得出。所有曾经生存过的动物和植物几乎都没有留下一丝痕迹就消失了。假如一块化石保存得十分完好，但潜没（也就是被向下拉）到地球的某个大陆地质板块之下，它就会变成岩浆地幔的一部分，熔化在熔融的岩石里，样品会消失，就像公司宴会上的冰雕在第二天下午消融一样。

只有经由极其非同寻常的巧合，我们才能找到过去的一点痕迹，这就是为什么发现令人兴奋的新化石会那么激动人心。同时要注意，发现大型化石可能要容易些，暴龙大腿骨比鸽子那么大的动物的指尖更容易被发现，即使它们埋藏在同一片化石层里。这种选择效应可能影响了我们对远古恐龙生态系统的理解。我们假定这些巨型生物统治着那个时代，但或许实际上还有数量多得多的小型动物，只是其化石不像恐龙发掘地点那样常见。

挖得越深，找到的动植物就越古老，我们可以追踪特定物种在成百上千万年里的发展过程。三叶虫化石十分丰富，科学家把它们分类成不同的纲、亚纲、科、亚科等，一直分到属和种，就像生物学家给活着的生物分类一样。三叶虫的世系可以追溯到2.5亿年前。它让我联想到螃蟹和龙虾，它们都有硬壳，可以在被埋起来慢慢变成石头期间保持原来的形状。我在纽约州中部散步时，到处都能看到三叶虫化石。另一方面，身体有着柔软部位的动物留下的化石相对较少。例如，人们发现古代犀牛的化石时，几乎从来没找到过耳朵的化石，柔软的东西通常会腐烂而不会变成化石。

有那么几个重要的化石样本，同时包含了早已消失的生物柔软和坚硬的身体部位，在寻找化石和理解进化的历史中，这些化石有着重要地位。我指的是在页岩里发现的一些化石，页岩是一种沉积岩，老式的教室黑板就是用它做成的。页岩中最有名的是加拿大伯吉斯页岩，因为那里出土的化石特别完美，并且涵盖了地球历史上一个非常特殊的时期。

2005年，我在做一个关于伟大科学发现的电视节目时，有幸亲手拿起几块伯吉斯化石。这些化石令人惊叹，在极其光滑、几乎全黑的岩石中，保存着银色的痕迹和纹路。这种坚硬的岩石可以很容易地分解成完美、平整、界限分明的明显层次，富有经验的地质学家可以用他们永不离身的小锤小心地把页岩的各层敲开，使不同的层像书页一样分开。伯吉斯区域位于不列颠－哥伦比亚的沃尔科特采石场，它如今是加拿大洛基山脉的一部分，但远古时代曾经是一堵巨大的淤泥墙以及一片古

海洋珊瑚礁的一部分，那是5亿年前寒武纪的事。寒武纪得名于英国威尔士的一个地区（根据长久以来的传统，地质年代得名于它们首次被发现或分类时的地点），威尔士和伯吉斯都曾是大英帝国的一部分，这纯属巧合。

仔细研究之后，古生物学家推测，曾有一堵古代的巨型淤泥墙瞬间倒塌，它向山下坍塌或滑动的速度极快，在很短时间里把无数海洋生物掩埋在由细粉粒和海水构成的泥浆中。没有证据表明伯吉斯页岩中的任何生物曾经尝试挣脱或掘洞逃离，它们应该是在一瞬间失去行动能力并且窒息了。如果太用心地去思考这些情景，你可能会觉得难受。但对于了解我们在进化过程中的位置、了解地球生命的发展来说，这是一个非同寻常的发现。说到化石质量之高，人类发掘过的其他地点没有哪个能与伯吉斯页岩相比，其原因显然是那里的远古粉粒极为精细。

伯吉斯页岩中充满了保存得非常完美的贝壳和肌肉，它们属于几十种动物，这些动物此前从未为科学界所知晓，直到古生物学家查尔斯·沃尔科特于1909年发现这片页岩。即使在那时，人们也没有认识到这些化石的年龄和重要性，直到1966年许多研究者重新研究了这个发掘点，认识到保存在这里的生物的真正年龄和多样性。研究者仔细地拍照，仔细地绘图，然后仔细地一层层磨掉封存图像的石板，重现古代生物的大小和形态。他们发现，这些动物游泳的方式很古怪，走路的方式也很古怪，捕猎的方式则是许多人认为不可能的。比方说，你知道有什么生物像欧巴宾海蝎那样有 5 只眼睛——两对加中间的一只？它们的脑子处理图像的方式，必定是我们这些偶数只眼睛的家伙们不太能想象的。让全世界专家困惑得给它们起名怪诞虫的那种动物又如何？专家们当时觉得自己简直见鬼了。

有些进化生物学家认为，5 亿年前寒武纪这个阶段页岩中保存的化石如此丰富，表明地球生命曾经比现在更加多样化，但大多数人并不认同这个观点。这些奇形怪状的生物是通过自然选择产生的，这样的推测十分合理，但它们的身体结构被证明不适宜长期存在，这些怪异的虫子在竞争中被人们现在观察到的更晚近动物及其祖先击败，在化石记录随后的地层中消失了。

在我看来，这些动物与我们今天所看到的动物并没有多大的区别，前提是要接受这样一种观点：每个附器、每个器官都对这些动物有用，它们的改良形式对今天的海生无脊椎动物一样有用。你也可以专门关心它们与如今的水生动物特别不一样的地方，它们来自一个古老的、我们完全不熟悉的水下世界。

伯吉斯化石对于保存寒武纪的生物有独特意义，这个地点这么非同寻常，我并不觉得意外。首先，在自然界中产生化石本来就很难，在任何地方找到任何年代的有软组织的化石都极端困难。我觉得合理的情况是，如果知道上哪里去找，就可以找到化石记录里保存的特别动物和植物。毕竟，我们的世界有 2/3 位于水下，我想象着有无数丰富的化石层我们永远也不会发现，因为它们位于深海之中，埋葬在当代或更加晚近得多的沉

积碎屑里，后者是海洋表面落下的微细沉积物，由海上生生死死的浮游生物产生。达尔文发表他的开创性工作成果之后50年，人们才发现了伯吉斯页岩。我不得不认为，还有很多地方值得探寻。

伯吉斯页岩的著名之处，除了奇妙的化石本身，还有它记录的生命年代，那是一个极速创新的年代，人称寒武纪大爆发，在2000万年时间里，全世界发现的化石中新物种的数量增加了20倍。生物多样性的这次爆发，通常被当成进化上一个巨大的谜题。特别是神创论者，他们说起寒武纪大爆发时，口气经常是好像它是在一瞬间发生的。对我来说这又是一个例证，显示了极度的无知或者极端缺乏批判性思维。

为外行读者考虑，我得对“爆发”这个词吹毛求疵一下。我去过采石场，那里的工程师和技术人员在……呃，制造爆炸[1]。一次典型的作业或说爆炸序列，要在不到30秒时间里完成几千次起爆。如果一个序列要花很多个百万年才能完成，它能称为爆发吗？2000万年在地质年代上并不长，但跟一次采石场作业的两次爆炸之间以毫秒计的间隔完全不同，这终究是很长的一段时间。

而且，到底是当时地球生命多样性真的增加了20倍，还是此前的化石记录太少，直到长着硬壳、容易作为化石在岩层中保留下来的生物出现导致化石激增？寒武纪大爆发更像给一个

[1] 生物多样性的急速增长在中文里称为爆发，英文跟爆炸一样是“explosion”。——译注

巨大的气垫充气，一旦某些水生生物进化出硬壳，它们获得成功并衍生出更多种类也就不奇怪了。对着任何东西吹上 2000 万年的气，它大约总归是会变大一点的，不是吗？

我觉得，要说过去的生物多样性比我们现在看到的要丰富，这种观点合乎情理，但不太可能是事实。历史上一直有大灭绝事件（下一章节会详述），但我要说它们似乎没有大到足以使我们得出上述结论。同样，我觉得寒武纪大爆发更像是 2000 万年岩层中的化石造成的一种假象，而不是一个物种多样性极快增长的实际过程。相反，海生无脊椎动物外壳的大小和强固程度增长，比起此前的动物和植物，这样的生物天生更容易变成化石。当然，我有可能搞错了。请亲自研究这个问题，得出你自己的结论。

一般地说，化石形成之困难注定了化石记录中会充满空白（或者用年轻的 DJ 或熟悉塑胶唱片的老顽固们的话来说，是充满“跳针”），不可能是别的情形。生物越小，机体越柔软，年代越久远，就越有可能落入空白区域中。真正令人惊奇的并不是我们没有更多像伯吉斯页岩这样的例子，而是我们竟然有了一套近乎完美的样本。

还有更多秘密等待破解。今天，研究现有化石标本的研究人员和在悬崖上攀爬的地质学家正使化石记录不断扩展。我们在走向未来的过程中，会越来越多地了解过去。每一天我们自己拥有的生命都在缩短，但每一天都有更多的进化延伸时间可供研究。我坦诚地希望，这本书的某位读者（或者我自己）能找到一块化石，或者有朝一日能变成化石，使得留给我们后代的记录分外完整。

# 14　大灭绝与你

为了在肯塔基州与神创论者肯·汉姆辩论，我估算出地球上大约有 1600 万个生物物种。要是其中 1400 万种突然消失了，怎么办？这听起来令人难以置信，像是什么反乌托邦的好莱坞夏季大片。但这正是过去 5 亿年来发生过至少 5 次的事情，每一次都有一场灾难事件（或者多个灾难事件联合起来）杀死了地球上多达 90% 的海生和陆生生物，并且是发生在一眨眼的工夫里——至少在地质学意义上是一眨眼。除了生命起源本身，地球生命史中最具戏剧性、最神秘的事件就是大灭绝。

此类大灭绝事件的一些最佳证据，发现于海床或以前曾经是海床的岩石中。科学家带着巨大而精巧的仪器出海，从海床上掘出圆柱体形状的样本。沉积物在海床里的分布有着某种规律性，一旦沉积下去，它们就不太受到风化作用的影响，没有风，没有雨，没有冻结和解冻的循环。地球有 45.4 亿年历史了，地

壳曾经反复破裂、移动、熔融和重组，我们这颗行星那非同寻常的古老历史绝大部分已经无法得知。但这 5 次灭绝事件的部分证据仍然存在，禁锢在古老的沉积物里。

重建一次大灭绝事件的最大挑战之一，是搞清楚什么时候发生了什么。正如我们把生物纳入分类等级体系（域、界、门、纲、目、科、属、种），地质学家们把我们这颗行星的漫长历史分成了宙、代、世、期和时。随着生物学家们对生物之间的联系了解得更加深入，他们引入了其他术语，如总目和亚种，同样地，地质学家们有时也用超宙[1]这个术语来指代寒武纪之前的全部地球历史——从地球诞生开始。

你可能听说过中生代、侏罗纪和石器时代之类的术语，这些词来自地质学。在地球历史八分之七的时间内，基本上说就是绝大部分时间，生物都只是处在启动阶段。大多数生命都是单细胞生物或相对简单的软体动物，几乎所有精彩事件都发生在最近 5 亿年中，你听说过的每一种生物，从三叶虫到恐龙到尼安德特人，差不多都是在这段时间出现的。这段时间目前被视为一个地质宙的一部分，它有一个美妙的名字——显生宙（Phanerozoic Eon，希腊语，意为“可见的宙”，指我们能看到的这个宙）。显生宙又分为 3 个代：古生代、中生代和新生代，最后一个就是我们生活的时代。这些名字的意思大体上是古老的动物、中期的动物和新生的动物（包括我们）。最后，代又分

[1] 超宙的字面意义是由一个以上的宙组成的时段。这段时间原本的正式名称是隐生宙，后来划分为冥古宙、太古宙和元古宙。——译注

为不同的世，我们所在的全新世只涵盖了过去的 1 万年，大约是地球历史的 1/500 000。下面是我画的一个示意图。

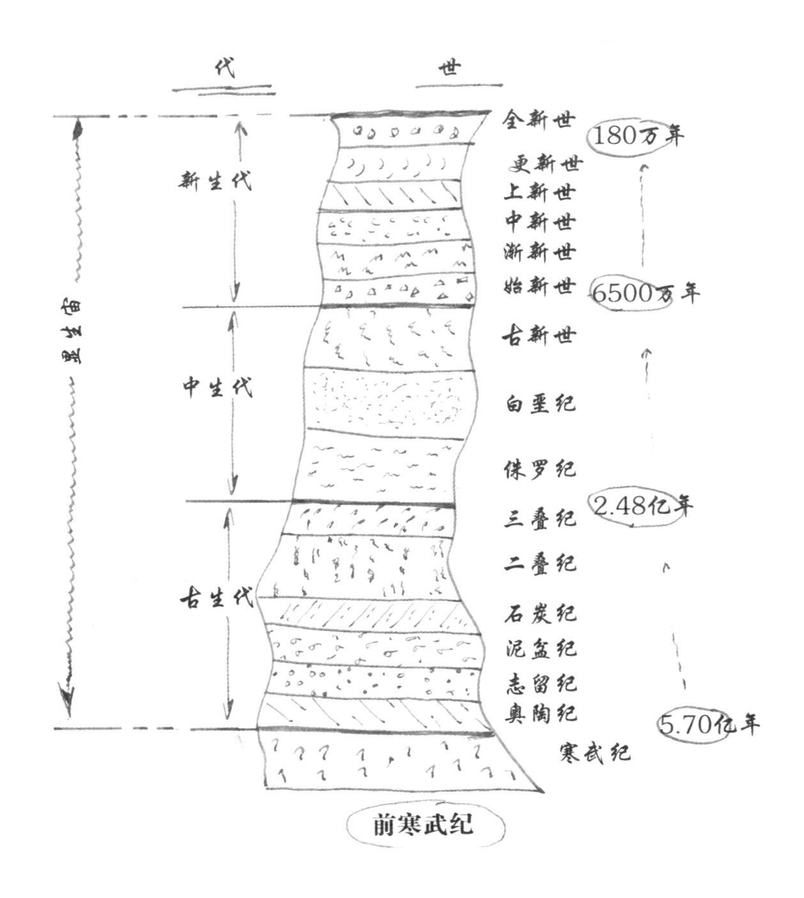


所有这些名字和时期都对分析进化史的古生物学家至关重要。他们艰辛地分析现有的化石证据，估算过去 5 亿年里不同时期地球上生物的数量，尤其是海洋生物的数量。在这个过程中他们发现，在某些相对较短的时期，生物多样性突然减少，这就是大灭绝。在此我会讨论我们所知的 5 次大灭绝，但我希望大家全都能很快认识到，实际上还有第 6 次大灭绝，就是现在正发生着的这一次。

最古老的一次大灭绝称为奥陶纪 - 志留纪灭绝事件，得名于它发生的时间（约 4.44 亿年前）所属的地质年代。在这次事件中，海洋物种大约损失了 85%。当时陆地上基本上没有生物，海洋就是一切。这是大灭绝事件中规模第二大的一次。接下来是泥盆纪后期大灭绝，约 3.64 亿年前，地球上约一半的动物和植物都消失了。

显生宙生命史中最惨痛的事件是二叠纪 - 三叠纪大灭绝，发生于 2.51 亿年前。我年轻时在得克萨斯州的二叠纪盆地当工程师，就在我工作的石油管道旁边，很容易在地上找到古老的海洋贝壳。就我们所知，地球在二叠纪 - 三叠纪大灭绝中失去了所有物种的 75%。想想看，到最后只有 25% 的生物活下来了，你和我都是那幸运的少数派——25% 的后裔。

我在纽约州中部上大学时，走在溪流分割出的美丽的页岩峡谷里，很容易找到三叶虫化石。想到三叶虫在这里生活了超过 2.5 亿年，从寒武纪直到二叠纪，实在是引人深思、令人惊叹。它们都消失了，每一只都消失了，彻底灭绝，但愿这种事不会发生在我们身上，至少在几个纪之内不要发生。另一方面，二叠纪 - 三叠纪大灭绝为恐龙的崛起扫清了道路，它显示了生命有多么顽强，能够进行多么强力的反扑……只要有足够长的时间，时间，时间。

接下来是三叠纪末大灭绝，发生于约2亿年前，这期间物种减少了大约一半。到了这时候，大灭绝听起来简直就像是例行公事。

最后是最为人所知、最重要的大灭绝事件，即6600万年前的白垩纪－第三纪[1]大灭绝。地质学家喜欢用单个字母命名不同的地质年代。谁不愿意呢？这可以省点力气。从古老的过去到更晚近的过去，已经有两个纪以字母C开头：石炭纪（Carboniferous）和寒武纪（Cambrian），分别写作C和Є。白垩纪简写作K，白垩纪与第三纪之间发生的灭绝称为K-T灭绝。K有一个颇有道理的词源，它来自Kreide，德语的意思是“粉笔”，这正是白垩纪最初得名的原因。后来，地质学家给第三纪早期起了一个更特别的名字——古近纪（Paleogene）。在21世纪早期，人们划分了地质记录中白垩纪与早第三纪的边界，导致古代恐龙灭绝的这次大灭绝简称为K-Pg灭绝。

这次灭绝正是代表着恐龙时代终结的那场引人注目的大灭绝（虽然我喜欢提醒人们，如今我们周围到处都是长羽毛的恐龙的现代后裔——鸟类）。在大多数心态年轻、喜爱恐龙的人中间，这次事件非常著名。它也引领了哺乳时代的来临，这并不是偶然的，它为我们腾出了空间。

我们不能完全确认这些大灭绝的原因，但已经有了很多相

[1] 根据国际地层委员会的决议，第三纪（Tertiary）已不再是正式地质年代名称，对应时期划分为古近纪和新近纪。参见本段末尾。——译注

当不错的线索。同样重要的是，还有很多关于地球气候的数学模型。我们竭尽所能去估计引发这种级别的灾难需要什么条件；我们研究岩石、化石和化学；我们计算数字，对历史上可能发生过什么提出富有见地的假说。研究过去是非常有益的，它使我们能更好地预测地球上还将发生什么，也许很快就会发生。

我们还更深入地了解现在。用精密卫星从太空中看地球，可以观察当前的气候变化。不仅如此，我们还能把地球气候与邻近行星（如火星和金星）的气候进行比较，进而推断出要如此剧烈地改变整颗行星的气候，在如此短的时间里使一半或接近全部的生物死亡、消失，可能需要什么条件。

我们还把地球当作一个复杂生命系统、一个全球范围的生态系统来研究，以收集更多的线索。想一想你曾经生活在其中的生态系统（森林、城市、农场，也许你还曾经出海），很容易看到这些系统非常复杂。生物以无数种方式与环境相互作用，环境迅速改变时，生态系统也随之改变。我在波音公司工作的时候，在西雅图地区度过了许多徒步旅行和爬山的美妙时光。在北美洲山脉延绵的西部，可以径直走上去，穿过那些最近几百年里发生过岩体滑坡的区域。在滑坡地段的顶端、底端和原样未变的边界两侧，可以看到植物和野生动物有明显区别，边界处的树木和动物充满生机，就像崩塌的岩石碾碎山下许多生物之前那样。

大灭绝应该像一场全球规模的岩体塌方，什么样的因素可能导致这种事情发生？我立刻能想到的因素有两个，地质学家们也是。

第一个触发灭绝的可能因素是火山。我强烈推荐你有机会的话去看一下美国华盛顿州的圣海伦国家火山纪念碑。1980 年 5 月 18 日该火山爆发，导致整个生态系统消失。无数的鸟、鱼、昆虫，还有数以百计的大动物（如鹿、野鼠和浣熊），都在一瞬间死去。它们存在的所有证据要么埋在成千上万吨的冰雪、岩石或淤泥下面，要么被烧成了焦炭。有机会的话还应该去趟夏威夷，看看那里的火山冒出红热熔融的岩石。熔岩的流动无可阻挡，它会烧掉所经之路上的一切。想象一下，有几十或几百座火山喷发，把灰尘和火焰抛洒在地球表面的广大区域，这可能造成地球大气发生剧变，没有哪种生物特别是生物的复杂系统能够幸免于难。

人们知道地球上曾经发生过大规模火山喷发，因为直到今天仍然能看到它们产生的巨大熔岩流。这些火山喷发的产物含有一种独特的岩石，称为玄武岩，它冷却后通常会形成直角的巨大石块，就像大粒的粗盐。熔岩流非常巨大，地质学家们因而称之为溢流玄武岩。有些巨大的熔岩流可能是从海平面以下（例如印度洋南部的凯尔盖朗海台）喷出来的，它会急剧改变海洋和大气的化学构成。目前人们认为，二叠纪 - 三叠纪大灭绝的原因最有可能是现今西伯利亚所在地区的一场大规模熔岩喷发。研究者还认为，火山也是三叠纪末大灭绝的罪魁祸首。但是请记住：我们调查的是一个极其古老的犯罪现场。

在如今印度的德干地区，有一大片火山岩，该地区以印度

东西海岸及温迪亚山脉为界，岩石露出地表的部分好像台阶一样。在这个称为德干玄武岩的区域，人们找到了覆盖面积达 50 万平方米的几层岩石，包括 1.2 立方千米的熔岩。这次或这一系列喷发的规模实在巨大。

在德干玄武岩的凝固熔岩层之间，有着古代海洋的沉积物层，地质年代分析显示它们形成于距今 6000 万至 6800 万年前这段时期，喷发约在 6500 万年前达到顶峰，这正是远古恐龙气数已尽之时。

这些溢流玄武岩是否可能与远古恐龙的灭亡有关？有些地质学家，如普林斯顿大学的杰尔塔·凯勒支持这种观点。她在该地区进行了田野调查之后表示："这是我们第一次能把德干玄武岩的主相与大灭绝直接联系起来。"这里她所说的灭绝是指恐龙等生物的灭绝。

凯勒在研究德干玄武岩附近古老沉积物里的化石时发现，有孔虫（某一大类海生微生物）的生物多样性在火山喷发时急剧减少，显然当时至少发生了地区性的重大灭绝事件。造就德干玄武岩的巨大火山必定喷出了有毒气体，并产生了大量大气沙尘，这些排放物把阳光反射到太空中，使地球温度下降。在其他事件中，火山喷发出巨量的温室气体，使地球气温迅速升高。这是一瞬间发生的气候变化。

就算是不那么剧烈的地质变迁，对生命来说也可能是毁灭性的。例如，大陆和海岸线的移动曾使全球气候进入一种不宜栖居的新状态，奥陶纪 - 志留纪好像就发生过这样的事。当时地球上大多数陆地都属于一块超级大陆，这块大陆漂移到了南极。在此期间，地球气温下降，巨大的冰山形成，海平面下降，大量海洋生物被搁浅。但有些灭绝看起来是迅速发生的，不仅是在地质学尺度上很迅速，在人类尺度上也是。

这使我想到了导致大灭绝的第二个因素：陨石。地球被陨石击中时，一切都可能在瞬间发生变化。K-Pg 大灭绝可能就是这样一次事件引发的，当时世界变化太快，无法用火山喷发来解释，至少无法仅仅用火山喷发来解释。如今科学界普遍认为，导致远古恐龙灭绝的致命一击是一颗直径为 10 千米的小行星撞在了如今墨西哥沿岸附近的海里。这次撞击的结果至今仍依稀可见，是一个直径达 180 千米的陨石坑，称之为希克苏鲁伯（Chicxulub，它的玛雅语发音是 CHIK-suh-loob），意思是“恶魔的跳蚤”。我猜那大概是一种非常糟糕的东西。此前的一些灭绝事件也可能是陨石撞击海洋造成的，只是没给我们留下证据。

某天下午我遇到了科学家沃尔特·阿尔瓦雷茨，他发展并捍卫了陨石引发 K-Pg 大灭绝的理论。我们吃了一顿愉快的午饭。他是一个富有思想和热情的人，热爱教学。他还有一种罕见的能力，能以其他人无法做到的方式看待世界和事物，这一点有点像达尔文。沃尔特和他那身为地质学家的父亲路易斯·阿尔瓦雷茨于 1980 年提出了陨石撞击的设想，当时他的大多数同行都认为陨石对地质史并不重要。人们觉得这个理论非常有争议，从此对它进行了仔细评判。现在几乎所有人都认为，该理论非常有道理，很有可能是正确的。

地球在形成过程中由熔融的矿物和金属组成时，较重的物质沉到中央。地质学家不会指望在地表岩石中发现很多铱（一种重元素，原子序数为 77），通常这类元素确实不会出现在地表岩石中，但它存在于一个独特岩层里：6600 万年前大灭绝发生时形成的岩层。沃尔特推测，这些铱来自一颗陨石，因为与地壳相比，陨石中铱的丰度很高。显然这颗陨石撞到了希克苏鲁伯陨石坑附近，解体后把残骸抛到世界各地。

大型陨石不管撞到哪里，都会让海洋沸腾，使空气中充满尘埃和酸性物质，也许还会使二氧化碳从岩石中逸出到空气中，引发强烈的温室效应，所有这些都会迅速改变地球气候，快到生物无法适应。大规模撞击可能激起巨大的海浪和气浪，使世界各地的气候发生长时间的紊乱。陨石还有可能帮助地球释放出内部的热量，带来火山活动。空间科学界有一个笑话（其实也不能算是笑话）说，恐龙灭亡是因为它们没有太空计划，所以无法拯救自己免遭陨石毁灭。

有趣的是，许多其他的大型陨石撞击事件似乎没有造成大灭绝。希克苏鲁伯撞击的后果之所以特别严重，可能一方面是因为规模特别大，另一方面因为它撞到了一个地质学上非常敏感的区域。不过，印度的那些火山对灭绝可能也有贡献，它们使得陨石撞击发生时，地球生态系统已经面临压力。这对我们来说是一个重要的教训：生态系统的变化只能这么快，你越损害它们，它们就越难维持。人类活动正在导致另一场重大的生态不平衡，地球上的生命有多少能够扛过去？

我们的邻居金星可以提供一个重要的前车之鉴。金星的大小和成分与地球很像，但它的表面温度高达460摄氏度，比你家的烤箱设置成“快烤”时的温度还高。地球与金星的气温差别不在于金星离太阳比较近一点，它之所以那么热，是因为大气中充满了二氧化碳，这是一种温室气体，能把来自太阳的热量锁在行星的大气中。金星是气候变化的极端例证：据我们所知，没有生命能在这种超过快烤温度的环境中生存。地球要完全变成金星那样，需要发生巨大的地质和化学变化。但人类正在以需要警惕的速度向地球大气中倾泻二氧化碳，把我们的气候向高碳的方向推进，这种前景非常可怕。我们一点也不想变得像金星那样。

小幅度的降温也能导致大灭绝，奥陶纪－志留纪大灭绝事件显然就是这样发生的。核心理念就是，剧烈的气候动荡显然是导致二叠纪－三叠纪大灭绝和K-Pg大灭绝的一个因素，还可能促成了其他大灭绝事件。

工业排放是人类改变地球气候的途径之一，但并不是唯一途径。我们还在直接消灭无数物种，速度使前5次大灭绝都相形见绌。我们迫使无数物种迁徙，使它们离开合适的生态系统。空气中额外的碳锁住太阳的热量，还会渗进海水形成碳酸（就像软饮料里的碳酸一样），使我们迫在眉睫的麻烦又增加了。问题不仅在于生态系统在变化，众所周知，自地球存在以来，其环境就一直在变化。问题在于我们导致变化发生的速度，正是这种速度把我们引向第六次大灭绝。

我们可以公平冷静地从进化的角度评估一下现状。如果我们破坏生态系统，被消灭的生物会被新的生物取代。但正如你很快就会认识到的，如果我们毁掉了自己所依赖的生态系统，就会害死自己。人类聪明而坚韧，你可能会想，不管发生什么，总有少数人能生存下去。但有多少会撑不过去？这其间会付出多少人命和经济损失的代价？我们的基因——包括你的基因——有多少会永远消失？

我们越早开始解决气候变化越好，别把我这番话不当一回事。看看那些宙、代、纪、世，未来会不会有智慧生物发掘古老地层，试图弄清全新世大灭绝期间智人遭遇了什么？不管我们做什么，地球永在。让我们一起努力拯救世界——为了我们自己……

# 15 远古恐龙与陨石试验

我上二年级时，老师麦克刚那戈夫人给我们念一本巨大的、看上去很权威的书，书里解释为什么恐龙灭绝了。当时关于恐龙消亡的最佳解释是哺乳动物：我们的祖先偷走了恐龙的全部食物后潜逃，或者吃掉了所有的恐龙蛋。虽然我当时年纪很小，也能看出来麦克刚那戈夫人并不赞同这种看法。我更容易想象的情景是，一只甲龙溜达着寻找水果当点心，无意中一脚踩扁了一窝原始兔子。那本书似乎是想说，人类免于灭绝是因为我们站在胜利者一边，但麦克刚那戈夫人清楚地看到这种观点不合情理，我也看到了。

如今人们对恐龙消亡的了解比过去多得多，我们知道恐龙并不是进化上的失误，不是被迅速清除掉的失败适应，它们存在了大约 1.6 亿年（人类存在的时间还不到这段时间的千分之一）。我们还知道，大灭绝是全球尺度的环境变化造成的，而且

有坚实证据表明，恐龙遭到了一种特别极端的打击：不是小型哺乳动物饥饿地啃食，而是很长一串火山喷发释放出有毒物质，加上一块燃烧的巨石从天而降。

仔细看看白垩纪末期的这次陨石撞击。一块直径为 10 千米的石头看上去可能并没有多糟糕，毕竟它迎面撞上的那颗行星直径有 13000 千米。但这颗小行星可能以每秒 20 千米的速度运动，相当于每小时 7.2 万千米，在这个速度上，它携带的能量相当于 $10^{12}$ 吨 TNT，这样的能量等级很难想象。撞击掀起的碎屑想必穿过大气层，直达 20 万千米高空，达到地月距离的一半。地球有很多天或很多星期被一团红热岩石组成的云雾笼罩着，这些物质有些留在高空被太阳摧毁，有些重新撞回地表，使世界燃起大火。海洋生物被煮死，恐龙要么在原地被烧死，要么因为找不到食物而饿死。同时，我们远古的祖先藏身于洞穴之中，于是有了现在的你和我。

我们与这些老鼠模样的祖先有很多共同之处：有毛发，呼吸空气，雌性会产生乳汁来哺育后代，有四肢和立体视觉，四肢末端各有 5 个分支。谁不喜欢呢？……所有这些不仅仅是因为一颗中等大小的小行星为你我扫清了道路……还因为尚未有另一颗小行星让我们经历同样的烈火试验。

我们用自己的立体视觉系统望向夜空时，会疑惑自己在宇宙中是否孤独。正如我经常说的，如果有什么人跟你说他从未疑惑过我们是否孤独，那必然是撒谎。每个人都思考过这个重大问题。那么这样如何：也许我们之所以从来没从另一个世界、另一个文明那里接收到其他人或生物的信息，是因为宇宙其他地方的生物没能通过陨石试验。

你和我运气够好，居住的行星有一颗大型卫星，我们称之为月亮。我们碰巧还有两个超级大国[1]，它们诞生于一系列给全世界带来深重灾难的冲突之后。在一次可怕的行动中，肯尼迪总统[2]遇害，他的登月政策成为国家政策，促使我们这个物种的成员在全世界设立太空计划。如果某颗有能力再次消灭地球主导物种的小行星到来，这个主导物种（你和我）可以对这块石头或冰块有所作为。

我们拥有预防下一次大灭绝的技术，只要推一下这颗小行星，地球上的生命就能照常生活。目前人们正在研究一些相关技术，比如向小行星发射火箭，将火箭固定在它上面，或者用炸弹改变它的运动方向。如果有足够的燃料，就可以用一艘巨大飞船的引力对其进行牵引。行星学会提出用激光借助太阳能照射小行星，将它推向安全轨道。所有这些事情，恐龙一件也做不了——据我们所知是不能。而我们能做到。

这一连串思考很科幻，但我要强调一下，它并不离谱。它很特别，但也很合理。我们能着手应对大规模太空撞击，得益于我们对进化的研究，以及为了解自身来历而做的努力。这是科学进程的一部分。它告诉了我们一些非常重要的东西，包括

[1] 美国和苏联。——译注

[2] 为了让美国在太空竞赛中领先，美国总统约翰·F. 肯尼迪积极支持空间探索，于1961年明确提出登月计划。肯尼迪于1963年遭暗杀，6年后美国实现了人类首次月球登陆。——译注

我们怎样进化而来，以及对于确保生存至关重要的一些内容。

在各种合乎情理的推断中，小行星撞击都是唯一能够预防的自然灾难。所以，我的地球同伴啊，行动起来吧，务必让我们不要经受这样的打击。

# 16 间断平衡

如果你从来没去锡安国家公园[1]的砂岩狭缝型峡谷，我建议你去一下。在那里，地球历史陈列在你面前，精细的地层一层接一层，就像书页一样。要想弄清新物种出现、其他物种消失的历程，这是一个绝好的地方。非常有意思，只要站在那里数层数就好了。这些构造跨越了二叠纪晚期到白垩纪早期的时间，相当于2亿年时间的深度。如果仔细看，可以发现地层像复印机纸盒里的纸一样叠在一起，只不过这一叠有1000米高。

我在1997年为拍摄《科学人比尔·奈尔》节目而看着这些地层时，明显感觉到地球的历史是平衡的。每一个精妙的层次看起来都是有规律地沉降下来的。风把微粒带到这里，形成巨大的沙丘。气候有时湿润，有时干燥。湿润时，方解石 $CaCO_3$（带有一个钙原子的碳酸盐）和赤铁矿 $Fe_2O_3$（氧化铁，即铁锈的

[1] 位于美国犹他州。——译注

主要成分）溶解在远古的水中，把每粒沙都固定下来，铁锈形成了美丽的红色。这景致呈现出砂岩构筑过程的整齐节奏，深深地迷住了剧组工作人员和我。

我不是唯一有这种感受的人，19 世纪著名地质学家查尔斯·赖尔有着同样的想法。*Natura non facit saltu*（自然不会跳跃）是当时的共识，关于地质史稳定发展的观点称为均变论。赖尔认识到他面对的是多么长的时间,这是他的功劳。基本上，这段时间比你想的要长得多，其实对绝大多数人来说，这段时间的长度都超过我们的想象范围。

达尔文接受了均变论，把它当作自然、地质学或其他什么东西的规律。他和同侪们认为物种以缓慢而稳定的速度出现，自古以来便是如此。但真是这样吗？如果你想知道新物种从何而来，也就是说，如果你想把远古化石证据与现代遗传学证据结合起来、将达尔文的理念带入 21 世纪的话，这是一个非常重要的问题。

达尔文和无数后继者在研究他们所能找到的所有化石证据时，遇到了一个始终存在的难题：看起来有许多动物和植物缺失了，许多预期中的关键化石并不存在，例如早期的过渡类鸟类。达尔文称这些缺失的化石是“反对我的理论的最明显、最重大的理由”。这是许多科学家都想揭开的一个谜，但很长时间都没有揭开。最终答案之精妙，直到今天仍使成千上万的人感到困惑。世界各地的神创论者和外行人士仍对进化存疑，有一部分原因正是达尔文和其他 19 世纪研究者们对化石缺环的担心。

其中有些问题是信息不足所致。在达尔文的时代，可供研究的化石比现在少得多，我们所知的博物馆和大量藏品在当时还不存在。对于已有的标本，当时也没有经济地进行共享的方式，比如没法在手持电子设备之间传送图像。科学家期待着赖以进行研究的大多数化石当时尚未出土，尤其是人类与类人猿、倭黑猩猩和黑猩猩的共同祖先的化石。这种设想中的化石称为缺环或者环。我清楚地记得，在我小时候，人们把蠢笨没文化的人蔑称为缺环。我父母就把我姐姐的某个男朋友称为缺环，觉得他不是一个合格的求爱者。我十分确信他跟我们其余的人一样属于人类，并非化石记录里的一个缺环。另一方面，我的前上司嘛……

达尔文理论发表之后几十年里，田野地质学家和古生物学家发现了成千上万的化石。他们发掘出数量惊人的恐龙、许多种类的已灭绝哺乳动物以及无数海洋生物的化石。就在达尔文表达了对缺失化石的担忧之后两年，样子像鸟的著名始祖鸟化石在德国出土，这只是诸多例证之一。再后来，化石猎人们发现了人类祖先，包括乍得沙赫人，它可能实际上是人与黑猩猩的某位共同祖先。可以说，这些化石中的每一个都是一节不再缺失的"缺环"。

缺环问题之所以仍然存在，主要在于某些人。他们曾经相信（甚至现在还相信）地球年龄不超过 1 万年，人类是独一无二的，与在人类之前出现过的数以十亿计的生物全无关系。他

们错误地坚持认为没有发现猿与人之间的过渡形态，从而把疑问播撒到许多人的头脑里。

所谓缺环被发现之后，曾经困扰达尔文的一些巨大谜题仍然存在。甚至正相反，化石记录的充实让这些谜题更令人困惑了。首先，地质记录里新物种出现的速度似乎非常快。达尔文思考过这个问题，他写道："……那么为何并非每个地质构造和每个地层都充满这样的中间环节？"其次，一旦某个物种诞生，它和它的后裔往往能存在（或说在岩石地层里向上堆叠）很长一段时间，例如三叶虫以不同的形态生存了 2.5 亿年以上。不知为何，进化变化似乎可以发生得非常快，也可以非常慢。

为了厘清这个悖论，要把关于现代生态系统的最新知识与对远古生物的研究结合起来。让所有人都参与进来发表意见并不容易，我的同事和朋友多布·普罗瑟罗写道："与此同时，分类学家（研究生物命名和亲缘关系的生物学家）忙着描述新物种，但很少有人去想他们的工作在进化上意味着什么。他们之间没有共同的主线，看起来也没有办法表明达尔文的自然选择与遗传学、古生物学和分类学兼容。"

这个挑战于 1972 年被两位年轻的进化生物学家（现在已经声名卓著）精彩地解决了，那就是尼尔斯·埃尔德里奇和史蒂芬·杰·古尔德。两人对数量惊人的化石进行了强有力的分析，从而认识到，虽然有许多化石揭示了遗传的主线，但那些能够把特定世系与其他世系联系起来的化石却出人意料地短缺。恐龙如何变成我们认为是现代鸟类的生物，当时还不清楚，尽管整个进化的历程当时已经很清楚。同样，鱼怎样爬上陆地，陆生动物怎么反过来变成游来游去、呼吸空气、拍打着尾巴的鲸和微笑的海豚，这些也不清楚。生命的某些最大转变似乎是迅速发生的，快得在化石记录的槽痕（或数字信号）里消失了。埃尔德里奇和古尔德对达尔文理念进行了引人注目的扩充，用来解释上述现象。

你可能听说过他们为称呼这种现象造出的词“间断平衡”。我曾在一次小规模聚餐时遇到了史蒂芬·杰·古尔德，我可以作证，他的词汇量非常丰富，不但在英语上造诣很深，拉丁文似乎也很流利。无论如何，间断平衡（punctuated equilibrium，古生物学家们用“黑话”说成 punk eeck）被视作对物种产生机制的描述。像我这类人可能会起个“隔断变化”“孤立物种形成”或者“遗传岛形成”之类的名字。我本人大概会说成“一切正常，除非发生意外”，更合乎语法地说大概是“如果发生意外，某个种群可能在一个遗传岛上孤立起来”。

不管用什么名字都好，重要的是达尔文谜题的答案在于种群的大小，特别是小型的孤立种群。达尔文描述了一整个物种为另一个物种让路的情形，例如加拉帕戈斯的各个岛屿上那著名的达尔文雀就是这样。看待事物时一旦抛弃了古老的均变论视角，情况就清楚多了。一个小型生物群体孤立起来（在一片孤立的森林里，涨水的小溪的另一侧，等等）之后，有些个体更容易形成新的物种。在小群体里，任何变异在整个基因组合里所占的分量都比平常大得多，成功的变异有着立竿见影的重

要意义。

自古尔德和埃尔德里奇于1972年发表那篇划时代的论文以来，人们在真正的种群和数学模拟方面做了大量研究。研究成果解释了为什么进化看上去既快又慢：它本来就是既快又慢。大型种群倾向于在遗传上保持原样，用古生物学家的话说是种群倾向于保持静态；小型种群可迅速分化出新物种。我希望你对这个解释的感想是“唔，显然……”之类，不过要记住，在此前大概100年里，这对很多人来说一点也不显然。

考虑到进化思维出现之前的情况，加上神创论者的干扰（他们直到今天还在试图给科学专业的学生灌输一些有关地球自然史的怪异理念），上述理论具有深远的重要意义。间断平衡解释了为什么全世界研究机构的化石收藏里都缺了许多过渡型。比方说有一串岛屿（加拉帕戈斯）在太平洋东部、如今厄瓜多尔沿岸海域形成群岛，如果天气条件够剧烈，大陆上的动物可能会被刮到或冲到岛上（本书其他章节对此有详述）。这些岛屿离大陆足够近，使得生物可以被风或者水带到岛上；但距离又足够远，使得生物一旦到达岛上就没有多少机会与原来的种群交流，种群陷入孤立状态。进化生物学家通常用异域（allopatric）来描述这种情形，该词源于希腊语，意为“其他的故国”。

与大陆上的鸟类相比，这些岛上的雀类群体都非常小。如果其中一只鸟的喙碰巧生来比邻居强一点，更擅长啄开坚果，它就更容易吃饱。这里的要点在于，使这只鸟的喙更优越的基因在群体中所占的分量比在大陆上的种群里更大。它那些拥有更好的喙的后代，在该岛的基因库中所占比例会更大。就我说，一旦知道答案，事情就显而易见了。但人们真正看到这个效应是在数学模型里。可以用计算机仿真来加快进化速度，间断平衡效应就会显现出来。这正是我们找不到多少过渡型化石的原因：它们本来就少，变化又发生得特别快，那些中间类型的生物很少能保存下来留待千百万年后被人们发现。

如果某个小种群拥有一点优势，它就可能变大。由于这里说的种群是孤立的，它与祖先种群的差异可能会大到两方的个体无法成功交配繁殖，于是这个种群里的个体就形成了一个新物种。人们寻找新分支的化石时，会找不到中间物种的化石，因为数量本来就太少。一旦理解了遗传岛的形成或说间断平衡，就很难想象世界会是别的样子。缺环那缺失的性质，实际上是进化的进一步证据，自然界中的情形理当如此。如果化石记录完美无缺，反倒会是一个谜了。

另外，对于化石记录的不完整，请记住这种不完整性正在减弱。大概每个星期，古生物学家都会发现一种令人惊奇的新动物，其遗骸存留在岩石中。最近人们从约 3 亿年前的石炭纪地层里发现了一种两米半长的马陆化石，它保存得非常完好，研究人员可以根据它那长长的、如今已经变成岩石的消化道看出，这种马陆是吃素的。我曾去过内布拉斯加州的火山灰州立公园，看到体重达两吨、灭绝已久的北美犀牛肚子里保存的种子。人们一直在寻找更多化石，以便更深入地了解过去，但现在确实已经有了大量信息可供支配。

到现在，我们的讨论集中于变化（毕竟这才是比较酷的那部分），但停滞也是进化的一个主要特征。生态系统中的种群倾向于保持平衡。为什么不呢？假设它们很长时间都生活在同一个地方，有着同样多的光照和食物来源，生物个体有生有死，但总体上的情形保持不变。从前人们会称某种生物为"活化石"，我自己都这么说过。虽然我非常理解这个词的用意，但它纯属胡扯。化石指被发掘出来的东西，如果它是活的，就不会是死的……这些姑且不论，我觉得我能理解人们说活化石是什么意思，他们是说某种生物在很长的地质时间或进化时间里没有发生变化。

你也许见过鹦鹉螺，说不定自己就有一只。它是一种漂亮的海生贝壳动物，在生长过程中，壳会以对数螺旋的方式生长，身体从一个腔室移动到下一个腔室。它们的眼睛在人类看来好像针孔照相机，过去 5 亿年来它们一直拥有这样的眼睛。这些生活在今天的动物不是化石，不过它们与已经变成化石的祖先一个样。你也许见过腔棘鱼的图片，人们曾经以为它灭绝了，直到 1939 年之前都只发现过化石。那一年，人们在非洲南岸发现了一个腔棘鱼种群，与 6500 万年来它们的祖先一样生活着。顺便说一句，鹦鹉螺和腔棘鱼都是濒危物种。这要归咎于人类，我们为了贝壳或者好奇而捕杀它们。也许很快人们就会把这些活动物变成死化石，这种令人困扰的情形将会永久持续下去。

鹦鹉螺和腔棘鱼这样的动物要做到很多代都不发生改变，

需要生活在长时间都变化不大的环境里。没错，它们会积累基因变异，但环境的稳定性使得重大变异没什么优势。这些动物都生活在海里，并不是偶然：海里环境不变的机会要大得多，至少在人类出现之前是这样的。你可能不时地用过“自然的平衡”之类的词，但当巨变发生时，比如附近有火山喷发，或者剧烈的风暴把你刮到海中，落在一个快乐的无人岛上，种群就孤立了。事件开始迅速发生。

我在太平洋西北地区住过很多年，现在还经常去。那里单是气味就很迷人，更不必说高山景色和富饶的港湾与水道。那里的人们就一种特定鸟类产生过巨大争议。对很多人来说这种鸟没有多大经济价值，想要砍伐古老树木生产木材的人对它也没有什么兴趣。这些鸟儿的祖先生活在针叶林里，飞来飞去，捕食田鼠和老鼠。人类出现了，开始疯狂地砍树，想用木头盖房子和商业建筑。原始森林中的木材是最好的，纹理细密，基本没有板材边角缺陷，看着非常漂亮，是理想的建筑材料。用它盖成的房子足够结实，能扛住强风；又足够柔韧灵活，能够经得起不时发生的强烈地震。

好吧，假如你是一只生活在美国西北部的斑林鸮，这可是个坏消息……人类来砍倒你的家园了。如果你能搞定，就要生下后代，想方设法在被砍伐殆尽的地方生活，要不然就灭绝。北方斑点鸮可能很快就会灭绝。我们在世界范围内改变环境，改变地球的气候，使数量惊人的物种走向灭绝。如果历史可以参考，就会有新物种崛起，取代灭绝物种的地位，

但崛起过程是地质时间尺度上的。我们是唯一能造成如此迅速改变的动物。

生物种群倾向于保持平衡，但整个生态系统偶尔会撞上“感叹号”，特定的个体和种群遇上“句号”。这可能使情形迅速发生变化，进化的故事是一段穿插着巨变的平衡。为了那些尚不是人类但为人类所依靠的动物，尽量减少这些“句号”，加强“生命语句”的连续性，非常符合我们的利益。我们要依靠这些动物创造出一个健康的世界，那是我们的世界，我们后代子孙的世界。

# 17　偶然、瓶颈和基础

不同的物种是怎样起源的？这是最根本的问题。查尔斯•达尔文整理他的思想时，人们还完全不知道 DNA 或基因。他推演出了自然选择原理，但几乎完全局限于生物的外部和内部结构。如今我们可以深入观察每种生物内在的生命密码，弄清楚进化的机制。我们可以观察分子记录，它记载了随着时间流逝新物种诞生和彼此分离得越来越远的内幕。绘制基因组图谱的革命，引发了进化理论的革命。

1973 年，乌克兰－美国遗传学家西奥多修斯・杜布赞斯基写了一篇极有说服力的文章《若无进化之光，生物学毫无道理》。人们公认，他开启了通常称为“新综合”的进化讨论或知性对话。杜布赞斯基把基因的生物化学细节与技术描述结合在一起，基因是核苷酸（又称遗传密码）的特定序列，构成染色体的一部分。用这种方式描述，一个基因就是一份建筑计划，

最终决定着生产某种特定蛋白质需要什么样的氨基酸序列。够简单吗？实际上它复杂得令人难以置信，生物学家还在努力弄清其运作机制的细节。不过，这种分子学的观点绝对、彻底、完全符合达尔文的观察和结论：DNA 指导着化学物质链的建造，这些化学物质影响着整个生物体的配置，这种配置决定了生物体繁殖并继续传播该密码副本的可能性有多大。

杜布赞斯基的影响过于深远，以至于我们经常注意不到。他把基因突变现象（为精密或复杂分子制造副本时出现的天然错误）与产生（按达尔文的说法是）受青睐的后代的幸运事故联系起来，如果突变对后代有繁殖方面的价值，该突变就会持续传递下去。

在这个综合之前，人们不太清楚物种分离或新物种出现的机制。研究人员十分合理地假设特定物种的每一个个体的基因都大致相同。物种内不同个体之间的差别据认为与基因有关，尽管这种差异不是很大。你和你的姐妹头发颜色不同，是由于遗传的缘故，但这只在你的遗传特征里占很小一部分。根据 20 世纪的“现代综合”，人们弄清楚了每个个体的特征都表达在他或它的基因里。我们现在把这个理念看作理所当然，它使科学家明白了成就一个物种需要什么：经历足够多代，基因突变足够多次，不同个体之间再也无法繁殖后代，它们分离开来，或者形成新物种。

现代综合带来的最重要见解在于，它使科学家得以理解种群如何分离成不同的物种，辨明了生物多样性背后的关键机制之一。我们来深入思考一下，请想象有一群甲虫。相信我，不同的甲虫种群多得很，已知的甲虫物种有 35 万个，可能还有许多有待发现。假设这群甲虫生活在森林里，有一年森林上方的山里下了一场几十年不遇的大雪，冰雪融化之后，远超正常流量的水沿着主坡奔流而下，在这群甲虫的天然河谷栖息地旁边形成一条新的河流。这些甲虫依靠森林地表的枯枝败叶生活，河流将它们分成了两群：左岸甲虫和右岸甲虫。它们无法再互相交流，包括授精和产卵。

两个种群里的基因复制存在不完美之处，一代又一代之后，左岸和右岸的基因差异变得太大，两个群体无法再相互交配繁殖。在这个简化但并非不合理的例子里面，两个种群变成了两个不同的物种。同时，其他自然选择力量也在发挥作用。左岸甲虫居住的河流流域或许也出现了降雪量异常增加的现象，导致河水漫过堤岸，淹死了很多树（本质上是根部窒息而死）。左岸种群里的特定个体可能偶然生出略微不同寻常的下颚，使其啃食死树的能力略强。它们的营养会更好，卵可能在更好的环境下孵化，譬如刚刚啃出来的孔道。比起同一群体的其他甲虫，这些甲虫的卵所处的环境温度更加适宜，从而会表现得好一点，孵出更多的下颚更强有力、啃咬出通道的能力更强的左岸甲虫。同时，右岸甲虫的生活跟洪水来临前一样。环境基本上没有变化，但左岸和右岸的种群分化了。

这样的形势变化还会带来另外两个后果，关系到生物种群的隔离或者分割。在关于甲虫以及灾难性降水形成河流的例子

里，很有可能两个种群的规模不一样大。据我设想，左岸甲虫的群体要小很多，因为它们的领地被融化的雪水淹没了。右岸的甲虫在河流弯道内侧，基本上不会被融雪形成河流的洪水淹死，个体数量跟以前一样多。说起昆虫的数量，那数字可以非常巨大。如果你曾在 7 月去过明尼苏达，那儿的苍蝇啊……又多又烦人，简直没法说，如果只有 1000 万只苍蝇，在明尼苏达划独木舟的麻烦就会少得多了。记住这一点，假设右岸有 1000 万只甲虫，基因全都与洪水之前一样。

左岸只有 1 万只甲虫在我们想象中的大灾难里幸存下来。甲虫的特点是能够疯狂繁殖，更适应啃食死树的那些尤其成功。此外，它们的天敌——也许是其他种类的昆虫（譬如螳螂）或者鹪鹩之类的鸟儿——还没有适应新地貌，可能不那么容易在满是死树的泥泞中找到甲虫，这会使左岸的新型甲虫越发成功地繁殖。在这个思想实验中，假设种群最终都能稳定下来，捕食者和猎物的关系使得两者数量都趋于稳定。就算左岸的种群达到与右岸种群同样的规模，左岸的基因多样性也会少得多，因为它们全都来自一个小得多的种群。这一现象称为遗传瓶颈，因为所有这些甲虫的祖先都通过了一条狭窄的基因通道，就像狭窄的瓶颈。

瓶颈的美妙之处在于，人们可以衡量不同种群的基因，对于植物界和动物界里哪种生物产生了哪种生物做出很多推断，根据这些推断能得出有关整个大陆和生态系统的自然史的结论。利用现代基因测序工具（包括一些奇妙的化学实验和了不起的仪器），我们可以从不同甲虫的血液中提取DNA样本，以确定哪个种群有着更丰富的遗传多样性。比起大体上未受洪水影响的种群，经历了洪水的种群的多样性要低一些，这正是预料中的情形。但重要的是要记住，人们不必对DNA和测序有任何了解，也有可能理解这个过程的大致轮廓。

关于瓶颈效应，现实世界中有一个强有力的事例发生在加拉帕戈斯群岛。年轻的达尔文漫步在岛上时，注意到岛上的鸟类特别是地雀都非常相似，然而它们的喙有着微小但显著的区别。达尔文意识到，他看到的这种现象意味着什么。

假设你是一只快乐的地雀，在如今厄瓜多尔所在的大陆上飞来飞去。巨大的暴风雨来袭，形成了一个直径达几百千米的飓风，你正在悠闲地啾啾歌唱着各式各样的坚果，突然和小伙伴们一起被强风卷起，刮到海上。你们中间有很多鸟儿精疲力竭，消失在汹涌的海浪之下，但有那么几位小伙伴和你抵达了一座小岛，那儿有充足的坚果，宜于食用，显然多年前有坚果树的种子被同样的暴风雨吹到这里。你和某些小伙伴的喙经常被别的鸟儿骂骂咧咧，因为喙的末端有一个小钩子，适合用来撬开坚果。你们组成了一个新的群体，繁殖了许多年。几代之后的后代飞来飞去，栖在石头和树枝上，叽叽喳喳地谈论着关于坚果和邻居地雀们的事情。

然后，又一场强风暴袭击了小岛。在这一带，强风暴十分常见。可能与祖先们的经历一样（也许正是因为祖先们有过同样的经历），这些许多许多代之后的鸟儿被风刮到西面的海上，

许多鸟儿淹死了，但有几只到达了西面的下一座岛屿。一个新的种群有了一个新的起点。依此类推，每一次灾难性风暴事件都让鸟儿落在加拉帕戈斯群岛的另一个岛上，就会有一个种群开始发展，用一套内在多样性越来越低的基因繁衍。

远在人类对基因多样性有任何了解之前，达尔文就登场了。从那以来，许多研究者将新的理念与达尔文理论融合。太平洋这片海域里地雀的基因组合，表明确实发生过上述情形。同样还有加拉帕戈斯地区的鬣蜥，它们与大陆上的鬣蜥相似，但又有很大的不同，比如说它们会游泳，而丛林里的鬣蜥不会。这些鬣蜥当然不是飞到岛上的，不过风暴有时会强到能以其他方式把几只鬣蜥带到岛上。在森林茂密的海岸边，理所当然会有很多木头或倒下的树最终漂进海里。如果你是一只挂在树上的蜥蜴，这棵树落到了海里，你会怎么办？继续挂着呗。如果最终流落到一座岛上，你会竭尽全力活下去，并与那些用同样方式来到岛上的蜥蜴做爱——人们以为那一定激情如火，其实是从容不迫的。观察这些蜥蜴的基因，并与大陆蜥蜴的基因对比，得出的结论正是进化论所预言的：沿着群岛自东向西，多样性越来越低。

对于在新地方扎下根来并生活下去的新种群，我们称之为“开拓者”。它们组成了一个新的群体，正如人类开拓者创立公司或机构，只不过这些动物开拓者要为生存尤其是后代的生存而拼命奋斗。

一般地说，开拓者源自瓶颈，并且带来瓶颈。能到达新区域形成新群体的个体较少，当地规模较小的开拓者种群的基因多样性会比它们故乡的群体要低。人们经常引用的一个此类例证是南非的白人，他们来自荷兰，携带了一个使人对亨廷顿氏症易感的基因，该病是一种退行性脑部疾病，患者会做出古怪动作，尤其是脸部和肩部，最终会发展成痴呆。南非好望角地区的亨廷顿氏症患者比世界上其他地区的人群多得多。开普敦和约翰内斯堡是由数量相对较少的一批荷兰人建立的，其中有一些携带了这个令人困恼的基因，南非南部白人群体建立社区时，他们的基因通过一个瓶颈传递下去。还有一个著名的例子是近亲通婚的英国王室中血友病的流行。

瓶颈和开拓者现象使科学家开始推测偶然性对进化的意义。长久以来，对于新环境在生物多样性尤其是遗传多样性中的重要性，科学家们一直有争论。我倾向于这样说：创造新物种是否需要大大小小的灾难，包括毁灭性的大灭绝？前面思想实验中的甲虫就是一个例子。这个问题很有意思，因为它指向一个更深刻的问题：我们从何而来？换句话说，如果地球上没有发生过那么几次大灾变，人类是不是还会存在？

地质学家知道他们需要寻找什么，并且设计出了用于寻找的仪器，在全球发现了几十个陨石坑。6600 万年前撞击墨西哥、给恐龙带来灾难的那块石头决不是唯一。想一想，如果你是一个活物，譬如森林里的那些甲虫，一块巨大白热的石头落在附近，让所有的东西都烧起来，就有麻烦了，你和社群里的每一位同类都可能被烧成酥脆甲虫。或者也有可能你运气好，刚好身处

火场边缘，和几位小伙伴活了下来。灾难过去之后，摆在你们面前的是一套全新的地貌，几乎没有活物存在。一段时间里你可能基本上没有竞争者，也许几十年里都是如此。即使你自己没能活到发现并啃食新暴露的富饶土壤里新生植物的嫩芽，你在第一季产下的卵也有可能活下来。好些年里，你的后代可以在新土地上横行无忌。一个规模巨大的成功种群出现了，它的多样性要低得多，但仍承载着你的基因，子子孙孙无穷尽。

小行星撞击不是生命面临过的唯一一种灾难性挑战。喷出大量玄武岩岩浆的火山喷发，如同西伯利亚和印度的那些，使地球上充满尘土和有毒气体，这种事在已知的地质史上至少发生过 15 次；全球性的寒潮或能导致整个地球被包裹在冰壳里；大陆运动曾多次导致灾难性的气候、洋流和海洋化学变化。也许还有其他的重大灾害，只是我们不知道。理所当然，还有无数规模较小但仍有很大影响的环境危机（如干旱、洪水等），它们消灭了旧有种群，为新开拓者的崛起创造了合适的条件。

进化生物学家杜布赞斯基和更后期、颇有影响的美国研究者史蒂芬·杰·古尔德面临的问题是，要达成当今世界的多样性，需要多少次类似事件？要产生充足的变异来形成所有的地球生物，需要多少偶然性？

有些进化生物学家提出，不管有没有大灾难，我们都会有四条肢体和一个下巴，这就是趋同进化。他们认为，不管有多少次幸运的偶然事故发生或不曾发生，地球上的生命都会大致是今天这样。还有人认为，要创造多样性，需要灾难事件来腾出新空间，创造新的所谓进化生态位。他们以化石记录里的大灭绝事件为佐证，认为如果没有这些全球范围的重启，就不会有今天的动物、植物和微生物。把尺度从全球缩小到区域，也可以提出同样的看法：没有环境或捕食者－猎物关系的重大变化，就不会有多样性。

这个争论让一些卓越的生物学家抓狂：为什么会这样，有点儿让人不明白。很显然，我们既需要趋同，也需要偶然；既需要服从物理规律，也需要把握机会。看一下澳大利亚和新西兰地区的物种，你就会明白我的意思。澳大利亚的自然生态系统里有着类似狗和猫的生物，有成群结队游荡着的食腐动物，也有独自追踪猎物的夜行捕食者。

如果历史上澳大利亚大陆不曾通过陆桥与其他大陆连接过一段时间（比如在冰期），澳大利亚是否还会自然产生与狗和猫对应的生物？是不是每个生态系统中都必须有一种成群结队的捕食者和一种夜间追踪者？它们是不是以动植物为食的多细胞动物的自然结果？这些生态位是不是必定会被地球生命填充，还是说只是机会的产物？如果在地质史上发生隔绝的时间更早一些，是不是就不会有这些对应的生物？

对我们来说，显然两种效应都在发挥作用。运动问题的最佳解决方案是 4 条腿、8 条腿还是几十条腿？说不好。不过可以说，现存的所有机制都是把每一种地球生物拿到的牌打出去、解决同一批物理和化学问题的结果。但我并没有看到证据表明一位超能者（或者超级庄家）在操纵整个局面。经过仔细考虑后发现，有压倒性的证据表明没有超能者存在，至少在身体计划和设计方案中挑选胜利者和失败者时没有。

你可以进一步研究这个问题，自己判断哪个因素更重要：是翅膀、脚、花朵和茎之类的趋同形式？还是洪水、小行星和冰盖移动之类的偶然事件？要解释我们看到的一切，合乎情理的假设必须在本质上把趋同和偶然都考虑进去。怎么可能是别的方式呢？如果是别的方式，现实就会是别的样子。

# 18　地铁里的蚊子

很多进化证据的问题在于，它们很难让人感觉到。不管进化的理念有多么清晰明了，最漂亮的化石也只是一动不动的僵硬石块，DNA 只是一堆肉眼看不见的分子密码。如果能在人的一生中目睹新物种诞生，不止是从理性分析的角度体验进化，而是直接观察到它飞起来咬你，难道不是很了不起？噢，当然很了不起。正是因为这样，我在发现了一个进化正在发生的场地时才会那么兴奋。这个神奇的进化展览橱窗在哪里？伦敦地铁，昵称管子。

跟其他许多地方一样，伦敦也有蚊子。在生物学上我们会说：昆虫纲，双翅目，蚊科，库蚊属，尖音库蚊种（*Culex pipiens*，它们会嗡嗡叫）。与许多其他发达国家的地铁不同的是，伦敦地铁站在第二次世界大战期间是当防空洞用的，当时伦敦经常遭受德国火箭的袭击。为了让火箭更难被侦测到，并

让整个纳粹战役更加卑劣，火箭通常在晚上发射。伦敦人到地铁里躲避倒塌的建筑和飞溅的砖石，成千上万的人睡在地铁站里，炸弹落在头顶上。市民们受到空中袭击，不只是轰隆隆爆炸的 V-1 火箭，还有跟着他们飞进地铁站的、嗡嗡嗡咬人的蚊子。人们没法再往下走了，于是蚊子整天……或者说整夜大发神威。蚊子通常在夜里觅食，特别是傍晚。

地铁站的规划和建筑导致轨道之间和裂隙附近经常会有小水坑。蚊子在水里产卵……这大概可以证明它们起源于水中吧。伦敦地铁里的蚊子有充足的血可吸，足以建立家庭的空间（好吧，它们产下卵就飞走了），实在没有什么必要或者压力要回到地表去找鸟儿或其他人来叮一叮。一个新的蚊子种群出现了，它们生活在地下，完全与地面上的亲戚们隔绝。

孤立种群是容易诞生新物种的地方，也确实诞生了。大约 50 年前，伦敦地铁里出现了一个新的蚊子物种：尖音库蚊变成了骚扰库蚊（*Culex molestus*）。拉丁文意思大致是，“嗡嗡叫的蚊子”作为隔离种群存在足够长时间之后成了一个新物种，即“骚扰人的蚊子”。

人们做过实验，用其中一种蚊子的卵与另一种蚊子的精子混合，它们通常无法繁殖，偶尔才会成功。我们目睹了一个新物种的诞生，就在人的一生里。令人烦恼的、只生活在地铁里的蚊子，只因为不与地面上的蚊子混杂，就孤立了。它们繁殖的时候——即混合基因、生下令人烦恼的下一代蚊子的时候，其基因复制得不完美，因此地铁蚊子的基因最终显然会变得足够不同，以至于它们无法再与仍然住在地面上、关系非常近的祖先们繁殖后代。在下面，骚扰库蚊只叮咬我们人类，不过也会在地铁隧道里遇到老鼠，要我说，就让它们互掐吧。

虽然伦敦地铁的蚊子正突然或说差不多突然变成另一个物种，但到我写下这段文字的时候，它们还不完全是另一个物种。在实验室里，某些地铁蚊子可以成功地与某些地面蚊子交配，虽然大多数都不能成功繁殖。用深时的思路去想一想，可以想象，只要再过几十年它们就会完全分离，基因差异变得太大，不管在什么条件下都无法成功交配。受突变影响，随着时间推移,种群在遗传上会分化。可以推导出,如果回溯足够长的时间，将可以找到所有地球生命的共同祖先。这是达尔文的伟大见解，也是伦敦蚊子传达的小小信息。

在这两个蚊子种群身上，可以看到分化正在进行。同样的事一直在发生，至少是自地球上有生命以来就在发生。新物种从祖先中诞生，从父母中诞生，从前代生物中诞生，从前代生物的前代生物中诞生，以此类推，直到千万年前。

两种蚊子在遗传上仍有很多共同之处，考虑到它们分离的时间这么短，这一点并不奇怪。但你知道吗？人类与我们的表亲——黑猩猩和类人猿——在遗传上也有很多共同之处。我们与它们足够不同，属于独立物种。人类不会跟猿交配（至少我认识的人不会），但人类学家发现了数十具既不像猩猩也不像人的化石。它们显然跟我们有亲缘关系，手骨、髋骨和头骨跟我们相像，但也不是特别像。它们全都是完全独立的物种吗？如

果它们曾与现代人类共存，其中是不是有谁能与现代人类繁殖后代？这些问题不是没有意义的，它们是当今一些最具吸引力的进化研究的焦点。

你可能听说过很多关于尼安德特人（或者类人）的故事。大约 50 万年前，尼安德特人和现代人类的祖先分道扬镳了。可以用来研究的古人骸骨非常有限，通常只是几块碎骨头、几颗牙齿，要从中推断出什么东西是相当困难的。我上学的时候，人们相信尼安德特人与我们完全不同，也就是说，当时人们相信尼安特德人与我们属于不同的物种，从来没什么来往，更没有……呃，亲密接触过。现在的证据表明，我们的祖先和尼安德特人不仅同时存在过，显然还有过交流。他们之间有贸易，但不止于此。瑞典生物学家斯万特·帕伯等人所做的开创性的遗传研究显示，两种原始人类曾经通婚。我们与他们的差异，并不比两种伦敦蚊子之间的差异更大。

不管怎样，我们都熬过来了。直到 3 万年前，人类和尼安德特人还共同生活着，显然有足够多的共同基因来实现这一点。我们的关系足够亲近，可以生育后代。我忍不住想听著名爵士乐家乔安妮·索默斯的经典歌曲《约翰生气了》，她在 1962 年凭借这首歌奇迹般地登上流行音乐排行榜，歌中说："我要一个勇敢的男人 / 我要一个穴居人男人……"人们在欧洲的洞穴里发现了精美的人造物品，因而经常把古人与洞穴联系在一起。看看艺术家对尼安德特人体型的描述，你很容易认为他们的男性高大强壮，正是那首歌的女主人公觉得富有吸引力的样子。

无疑，尼安德特人确实高大强壮，但他们也需要更大的脑子来运作那较大的身体。你和我的脑子比尼安德特人的小，但身体也小，脑身比例比他们要略高一点儿。

从穴居的男女祖先们那里，以及伦敦地铁里的蚊子敌人那里，我们要学到的是，“独立物种”只在描述那些一段时间以前从共同祖先那里分离出来的生物时才有意义。进化过程会产生一个遗传谱系，这可以在一个充满现代人的大城市里从蚊子身上观察到。这让我想起小学时有些同学的大盒蜡笔里面有“红橙色”和“橙红色”。如果你去过宾夕法尼亚州伊斯顿市的绘儿乐画笔厂，就会看到颜料混合起来的情景。只要红色多一点点，就是红橙色；橙色多一点点，就是现在的芒果甜点色。两者区别非常小，但很容易看出来。对物种来说，起初其差异很小，只有几个基因突变;但随着漫长的时间流逝,差异就变得非常大。

产生新物种的进化过程，其美妙之处在于，它是由微小、随机的基因变化带来的。但随后，由此产生的生物或者后代面对着环境的挑战，不成功便成仁。突变可能是随机的，但选择压力有着极高的特异性。新物种以惊人的速度诞生，多样性日渐丰富。

鉴于地铁蚊子这么一个新的原型物种诞生得如此之快，我忍不住要想，它们是不是还遇到了什么偶然因素。它们在寻找人类吸血方面是不是比寻找鸟类要更擅长一些？还是说在地铁里找人本来就更容易，不需要飞多远就能找到一个？每天都有人从台阶上走下来，送到蚊子嘴边。它们是仅仅在遗传上漂移

了还是另有什么优势？答案可能是上述因素的混合。考虑到各种相关因素，这种变化的速度快得惊人。想一想，如果现存的每个物种每一百年都能产生一个新物种，会是什么样的情形！

鉴于自然界中产生新物种如此容易，如今地球上至少有1600万个物种也就不奇怪了，许多生物学家猜测真实数字比这还要大得多。现存物种可能有1亿个，曾经存在而后来消失的物种可能比这还要多1000倍。虽然那些物种灭绝了，但它们导致了晚近一些的生物诞生，最终使我们、我们所看到和挖掘出的所有生物诞生。

你可能想到，生物学家可以继续推理，推断出如今的某个物种是多久以前分离出来的，即使并没有化石可供研究。重建生物亲缘关系的最有力工具之一，就是分析两个现存物种的遗传密码，观察并测量它们当前的突变速度，然后把遗传之钟往回拨。基因差异的大小揭示了两个物种各自发展的时间有多长。有时遗传学家可以跟古生物学家对比记录，看看化石揭示了什么，其中不免有些连猜带推，因此不要期待会有完美吻合，但大多数情况下两者推导出来的年代都非常接近。

进化的运作机制还有一个了不起的证据：两种截然不同的技术、两个截然不同的观察生命的角度，对生命史得出了相同的记年结果。进一步回望过去，可以清楚地看到，所有地球生物都有DNA，我们都来自同一个祖先——跟达尔文的结论一样。

生物学家测量了尖音库蚊和骚扰库蚊之间的基因差异，计算两者的基因突变速度。毫无疑问，基因之钟的显示结果表明两个种群正是在第二次世界大战时分离的。人们分析了当今一些人的DNA，还分析了一些几百年前死去的人的DNA。一家名为23andMe的公司可以分析你的DNA，为你重建个人家谱的广泛细节。遗传学家还用同样的基本方法分析了大范围内源自成吉思汗的人类基因，并把癌症基因追溯到几千年前的中东，发现它们随着犹太人向世界各地迁徙而散布开来。我的近代祖先来自欧洲，但DNA分析显示我本质上是非洲班图人。

通过研究祖先DNA的配置，我们还能得出一些关乎人类当前进化方向的线索。还有其他方法看到人类当前在怎样进化。我们的后代可能会疑惑，为什么我们会遗漏进化某些明显的方面，这些方面本可以帮助做出更好的社会决策。

其中最重要的见解也许是，人类在遗传上极端一致。我们刚刚从自己的瓶颈中发展起来不久。我们与尼安德特人的相似之处就像两种蚊子的相似之处一样多，生活在今天的每个人彼此的亲缘关系比这还要近。也许这种遗传共享的感觉可以激励我们更多地合作，做出伟大成就。

# 19 趋同、同功和同源

人们喜欢发现模式，这个习性似乎根植在大脑里，使我们时时刻刻都在这么做。人们会说“这朵花看上去像那种花”或者“那朵云看上去像一条龙”。分类方面的终极之作，也许是那句久经考验的“嘎嘣脆鸡肉味[1]”。模式识别无疑有助于我们的生存，因为它能帮我们认出好吃的食物、危险的捕食者、家族成员，等等。但在理解进化时，这个倾向会带来一些诡异的结果，它会欺骗我们，使我们看到并不存在的关系，而遗漏那些表面上不太明显的事物。另一方面，它也直观地显示了对自然选择影响如此之大的物理规律。我觉得，你其实知道一些关于进化的东西，但并不知道自己知道。

人类寻找模式的偏好，促使早期博物学家按外形对生物进行

[1] “吃起来像鸡肉”是英语中用于描述非常规食物口味的常用语，也是著名野外生存节目《荒野求生》的主持人贝尔·格里尔斯的口头禅，中译版本以“嘎嘣脆鸡肉味”闻名。——译注

分类。对于厘清生命那丰富的多样性，这是一个开始。虽然蜜蜂和鸟儿都会飞，但它们本质上完全不同，你不需要成为受过专门训练的博物学家就能看出这一点。你可能很容易得出结论认为，鸟类和蝙蝠之间的关系应该比它们各自与蜜蜂的关系要近。再进一步就能发现，企鹅与乌鸦之间的关系应该比它们与小龙虾之间的关系要近，虽然这3种生物中有两种都会游泳。这种形态学分类的冲动，促使瑞典博物学家卡尔·林奈创立了他的命名法，如今生物学家还在用这个方法对每个物种进行分类。

但是，根据生物的行为而不是外表来进行分类，设想这样一个分类体系也不难。蜜蜂、鸟类和蝙蝠都能飞，其翅膀的构造方式非常不同，但这些动物以及相关的动物全都采用了相似的结构来解决飞行问题。在生物学上，我们称之为趋同进化，称它们的翅膀是同功结构。不过经过仔细观察可以发现，这些翅膀的结构非常不同，它们各自形成于地球生命史完全不同的阶段。

要理解进化，需要从两个角度来对生物进行分析和分类。如果不同物种的物理配置不同，但功能相似甚至完全相同，它们的亲缘关系应该很远。如果它们的器官和骨骼几乎相同，那么就算外表差异很大，其亲缘关系也很近。基因分析是确定两个物种亲缘关系的另一个方法，不管这两个物种有多么相似或者多么不同。

在飞行问题上，每种生物都面临着同样的物理挑战，服从同样的运动方程和能量方程。要飞起来，就要有向下运动的空气，后者要有着足够大的动量，可以支撑飞行物体的重量，不管这个物体是一只老鹰、一只马蜂、一架 F-18“大黄蜂”战斗机、一条飞鱼还是一只吸血蝙蝠。观察一只鸟，越大越好。它的翅膀会上下振动，类似蝶泳的运动方式，如果你学过蝶泳的话就会明白。不过鸟类的翅膀不是用来把水往下铲、划向后方，而是把空气往下按、划向后方，获得升力和推力。在物理上，任何流动的物质都可以看作流体，因此水和枫糖浆是流体，空气也是。不管有意还是无意，你都懂得一个飞行技巧[1]。

翅膀或平面在流体中移动时，只需要轻轻一点就能产生升力。当存在所谓“冲角”时，翅膀就会得到升力，只要还在继续移动。因此猎鹰飞上天空之后，就能飞向风中来获得升力，利用风能和翅膀的冲角爬升。任何飞行器，不管是天然的还是人造的，保持轻量都很重要。为了控制重量，鸟类的骨头是中空的，翅膀大部分区域由羽毛构成。羽毛的成分与你的指甲成分很相似，相对于它们的重量来说，羽毛是非常强韧的。而且，由于羽毛是生长出来的，它们相互交织，形成一个几乎连续的表面。羽毛接点处下面的肌肉使鸟儿能拉紧羽毛，使羽毛之间几乎没有空气通过。鸟儿也可以把羽毛伸展开，就像推进器叶片。翼尖的每根羽毛都能提供一些向前的动力，而内部的羽毛提供升力。鸟儿可以控制每根羽毛的配置情况，实现极高的效率。

蜜蜂翅膀的运作方式与此不同，至少不是完全相同。它们不是每片翅膀上有若干羽毛、每根羽毛都能扭曲以对空气形成

[1] 指前面说的蝶泳。——译注

不同角度，而是有 4 片翅膀，仔细观察后可以发现那是两对。而且，只要蜜蜂飞起来，身体两边的翅膀就协同工作，后翅的前方边缘有微小的挂钩（称为翅钩），使得身体每一侧实际上是一片翅膀。（我们看到的蜜蜂大多数是雌性。）蜜蜂的翅膀很灵活，它们的喉部有一片肌肉占据了很大的空间，可用于来回推动翅膀。这与鸟类的运动有些相似，但接下来就有些古怪了。

高速摄影表明，蜜蜂在结束一个向后－向下的划船动作、把翅膀拉向前方开始下一轮振翅时，一直都在旋转它们的翅膀。这种运动起初让人难以置信。试试看把胳膊向身体两侧伸开，手指伸直，使手掌与地面形成一个角度，把手往前伸，想象把空气向后方和下方划动。当伸直的胳膊位于身后时，把胳膊抬起来并扭转，使手背朝下、手心朝上。保持扭转状态，使胳膊回到起点位置。现在，以每秒 230 次的速度这样做——不是每分钟，是每秒。这太惊人了！向后和向下的动作与向前和向上的动作结合起来为蜜蜂提供上升的动力。这实在太疯狂了！它们能向下、向后、向上、向下、向后地振动翅膀，因为翅膀与身体的接口使它们能这么扭转。以人类胳膊的标准来说，这种扭转方式太诡异了。毫无疑问，《李普利的信不信由你》断言，蜜蜂挑战了空气动力学定律（见本书第一段）。在 20 世纪 60 年代，人们还不了解蜜蜂的飞行原理。

蝙蝠的翅膀有点像鸟类，也有点像蜜蜂。跟鸟类一样，蝙蝠的翅膀也不能完全翻转。它们的翅膀是一片灵活的膜，跟蜜蜂的前后翅膀连接起来之后相似。不过，蝙蝠、鸟类和蜜蜂的

翅膀有一点相同，那就是表面弯曲且光滑。鸟儿能做到这一点，是因为它们的每根羽毛都能近乎独立地运动。蜜蜂的翅膀由灵活的膜组成，伸展在充满液体的脉管之间。蝙蝠的翅膀是伸展在骨骼之上的皮肤。每种翅膀体系在扇动时都能舀起空气，朝后方和下方抛出，进化生物学称这些翅膀是同功的。同功这个词很平常，但在这里，它以一种特定的方式来描述一类特定的关系。蜜蜂、鸟类和蝙蝠都用灵活的翅膀来飞行，但它们的翅膀在进化过程中是沿不同路径发展出来的。它们使用相同的物理规律，但配置非常不同。

观察蝙蝠翅膀的内部可以发现，它根本不像是用来飞的。它跟你胳膊里的骨头很像，你有肱骨、桡骨、尺骨、5 根腕骨、5 根掌骨和 15 根指骨，蝙蝠也是这样。还有，看清楚了，鸟类也是这样。这是达尔文最了不起的发现和见解之一。在胳膊里和翅膀里，这些骨头处于相同的位置，只是有的骨头拉长或者压扁了，以便与其他骨头共同组成一条胳膊或一只翅膀。在进化生物学里，我们称这类结构和配置是同源的。它们有着相同的形状，但功能大不相同。你和我不会飞。蝙蝠不会弹钢琴。鸟儿会唱歌，但是拿不住鼓槌[1]（呃，对不起啦……）。我画了如下所示的一张简图。

同源是进化过程最具说服力的指标之一。看看我们的骨头就知道，我们必定与蝙蝠、鸟类乃至翼手龙（与恐龙生活在同一时代、会飞的爬行动物）有某种共同之处，它们的骨骼配置

[1] 鼓槌也指禽类腿部的下段，形似鼓槌，在中国俗称琵琶腿。——译注

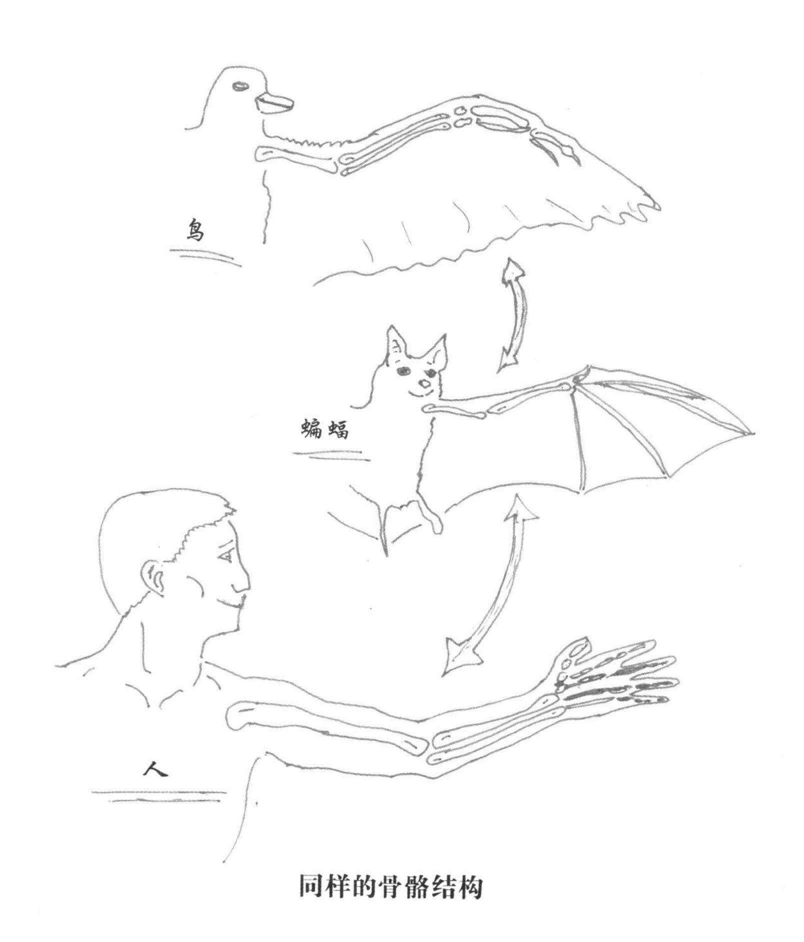


**同样的骨骼结构**

与我们的很像。翼手龙生活在一个疯狂的时代：由于大气中有着足够的氧支撑新陈代谢，翼手龙的翅膀比现存最大鸟类的翅膀还要大 3 倍。它们像飞翔的巨龙，也有点像我们。我们也有点像蜜蜂，不过相似程度要低得多。人跟蜜蜂有一条中枢神经贯穿全身，有一张嘴，一个排泄孔，都有心脏，除此之外相似

之处就不多了。6条腿？翅膀？蜜蜂小姐，这不是我的风格。手指？脚趾？噢，蝙蝠先生，当然了。蜜蜂与蝙蝠有同功的构造。蝙蝠与鸟类有同功和同源的构造——与我们也是。这太疯狂了。这就是进化。

同功和同源都非常有意思，并且都是理解我们从何而来的关键。想一想鱼和海豚吧。鱼呼吸溶解在水中的氧气。气体能溶解在液体中，就像啤酒里的泡沫，气体以溶解状态留在液体中，直到瓶盖开启。不管周围水的温度如何，鱼都会适应，其新陈代谢以水温允许的速度进行。我们称鱼是冷血的或外温的，意思是“从外界获得温度”。海豚之类的水生哺乳动物是温血的，其身体系统使体温始终维持一定水平，就像我们一样。它当然需要利用卡路里来做到这一点，不过它代谢食物的效率很高，因为消化的化学反应在温暖环境里进行。我们称它为内温的（“从内部产生温度”），就像我们一样。

但仔细看看，不管是外温还是内温，是长着腮还是长着肺，它们的体形是一样的。要有效地在水中游动，就必须如此。你可能注意到鱼的尾鳍是上下方向的，而鲸的尾片是伸向两侧方向的，也许会觉得这个差异很大，但功能上其实没有多大差异。看看比目鱼吧，它孵化出来就会游泳，尾鳍方向是上下（即垂直）的。但随着长大成熟，它会翻转过来，能平躺在海底，尾鳍与身体一样变成水平的。这时的比目鱼照样能游泳，而不会把尾巴拖在海底。另一方面，我们研究鲸类的祖先时发现，它们离开陆地、开始在浅水里游泳，水平的尾叶更适合浅海，因为不会拖到沙子，这是十分合理的。随后，它们的后代学会了在开阔的海洋里捕猎，并不需要把尾巴的方向拧过来。对鲸来说，水平尾片的推进力充分够用了。

我玩过很多次蛙潜和浮潜，试过像鲸一样同时摆动脚蹼，这时会感觉到向下划动时稍微快些，但向上的效率降低。鲸和海豚似乎不存在这个问题。它们不是像我那样摆动腿骨，而是摆动脊椎。鉴于我的脊椎相对于身体的长度比鲸要短得多，我没法同样精力十足地游泳。不过我可不会因此气馁。虽然我们有着同源的骨骼，我确信自己在晨跑中能把虎鲸甩得远远的。也许，假如在 1 千米的跑道边上放 1 千米长的水池的话，虎鲸能侥幸胜出。

我们可以再进一步……或者几步。研究鱼龙之类的灭绝水生爬虫和更古老的像鱼的动物——全颌鱼（*Entelognathus*，拥有完整下颚的鱼，生活在约 4 亿年前），会看到同样的流线型身体，与现代的鲨鱼、金枪鱼和虎鲸一样。为了在海中游泳，必须做到线条顺滑。而且在海里游泳与发射火箭不一样，火箭的头是尖的，头锥或整流罩底部以下的部分通常是一个直筒，直到尾部（尾翼）。前部较厚、到尾部逐渐变小，是以远低于火箭的速度游泳和飞行的流线特征。因此，鱼和飞机的翅膀前端较厚，向后缓慢变薄。

飞鱼跃出水面，在空中飞行，显然是为了逃避捕食者。我的意思是，如果你是一条有自尊心的金枪鱼或青花鱼，就要吃鱼，你就是干这个的嘛。你游来游去，看到一条鱼，看上去非

常适合吃一顿。你飞快地冲过去，发动袭击——嘴张得大大的。然后，你的猎物用鳍猛划几下，破开水面，不见了。这时的金枪鱼有多沮丧？人们曾观察到飞鱼连续滑行达400米之远。如果你是一条青花鱼，或者是正在船上钓鱼的人，发现正试图捕捉的那条鱼突然跑掉，几秒之内就逃到4个足球场以外的地方，哎，这真是挺打击鱼/人的。全世界的热带海域都有飞鱼。干嘛不呢？谁能抓住它们？它们那常规鱼鳍的形状可以在两种流体（海水和空气）中产生动力。它们可以滑出海面，产生足够的升力，在空中滑行。它们的鳍与鸟类的翅膀同功，与它们竭力逃避的鱼类捕食者同源。

生物体的同功结构是生物一代又一代在各自的环境中求生存而发展出来的。这种倾向适用于动物，也适用于植物。树的叶子和海洋植物（海草）的叶子就是例证：它们有着相似的形态，却是完全独立地各自发展出来的。这是进化适应法则的一个通用方向：要么适应，要么死亡。

这个过程使得——实际上是迫使——某个身体结构发生微小变化，让后代适应环境的能力比祖先稍微强一点。一旦你接受了这个过程，就可以回头想想我那个思想问题，关于如何把小拖车变成自行车的工程学试验。它们都有两个轮子和一个把手。如果你是受进化法则制约的工匠，就必须从一种设计方案出发，在与之相似的另一种方案里造出同源的构造。轮子的配置必须从两个并排变成一前一后，并且在每一个中间步骤里，整体都必须能够充分良好地运作，以便传给下一代。化石记录揭示了这种模式。

各种形式的生物都必须与最直接的、无情的经典物理学规律作斗争，就是那些关于能量和运动的规律。无疑，我们这个世界上的所有生物都是精细微妙、出人意料的化学过程的结果，而化学最终又要归结为量子力学和比原子更小的粒子相互作用的结果。不过，游泳、飞行、把根扎进土壤、在海上漂浮等，这些都是经典物理学效应，它们与希格斯玻色子或宇宙加速膨胀等当代发现一样惊人和奇妙。经典物理学规律足以驱动我以上所讨论的所有趋同进化、同功结构和同源结构。

我之所以觉得进化尤其是趋同进化非常有说服力，是因为它显然是一条基本的自然规则，就像引力、电磁现象和热传导等塑造世界的规则一样。而且，比起其他规律，它更具个人意义，因为我们是它的直接成果。更令人惊奇的是，我们居然能理解它：自然从内部达成了对自己的理解。

# 20 半成品翅膀有何用

在对达尔文进化论的质疑中，有这样一种常见的说法：生物对其功能适应得如此完美，因而无法通过盲目的自然过程产生。我老是听到这样的话。就举两个例子，鸟类和蜜蜂那精妙的翅膀是工程学上的奇迹，必定是由某位深思熟虑的创造者设计出来的。这种思路里有一个错误理念，即每个生物学结构都只在它当前的形式下有用。如果老鹰的翅膀绝对完美，合乎情理的推断是，它不可能通过累积的步骤进化而来，不然历史上就会充满了有重大缺陷、不完整版本的老鹰。持怀疑态度的神创论者经常这样问：半成品翅膀有何用？

与许多流行的反进化理论一样，这个理论乍看上去颇有道理，然而一旦开始探究自然世界到底如何运作，它就变得毫无道理了。我很乐意谈谈半成品翅膀或者半成品眼睛、半成品心脏有何用的问题。我们已经思考过了什么是足够好的设计以及趋同进化和有益适应的问题，现在可以来考虑这个了。请跟我一起看看A展品，具体地说是始祖鸟，它是一只奇妙的化石动物，看上去既像鸟类又像陆生爬行动物，第一个样本发现于1860年，距达尔文发表《物种起源》仅一年半。

始祖鸟最让人惊奇的地方在于它有羽毛。这具化石保存得非常完好，轮廓清晰。这只动物要羽毛有什么用？按照半成品翅膀理论，羽毛必定是让始祖鸟飞行用的。没错，研究人员仔细观察始祖鸟的羽毛特征时，发现了与现代鸟类一样的羽毛接口，或说羽根节。

在科学上，一个假说不仅要能解释已经发现的证据，还要能预测尚未发现的事物。进化生物学家知道始祖鸟有羽毛，因而预测鸟类和爬行类之间有过渡形式，羽毛和翅膀也应该有过渡形式。过去20年里发生了一些非同寻常的事：人们在以前未研究过的中国化石场里发掘，发现了长羽毛的恐龙。不是一两只，而是许多不同的物种。而且现在的证据表明，人们熟悉的许多其他恐龙也有羽毛。也许恐龙全都有羽毛，只是保存得不够完好，所以看不出来。陆栖的掠食者也是如此，譬如电影《侏罗纪公园》里的迅猛龙（伶盗龙）。（你说什么？不记得在电影里看到羽毛？那是因为这部电影拍摄在古生物学家发现有羽毛的化石之前。科学本来就是在不断进步的。）

迅猛龙显然不会飞。它们的腿部肌肉颇为粗壮，前肢又太小不足以成为翅膀。然而它们还是有羽毛，就像始祖鸟化石一样，可以看到它们的羽根节处有羽毛。你必须认识到，迅猛龙的羽

毛不是用来飞的。

对我来说，羽毛最有可能的作用是让动物保持温暖，或者热辣……这里“热辣”的意思是富有性吸引力，以便显示它适宜繁殖后代。事实上，这方面的专家对此有两个主要理论。唔，仔细考虑一下，也许它们的羽毛两种功能兼具。它们既能保持体温，也能帮迅猛龙卖弄形象，就像一件时髦的大衣。

但科学上备受钟爱的始祖鸟呢？它的羽毛有什么用？这些羽毛是不是适宜飞行？答案似乎很清楚：有可能。它至少非常有趣。拣起一根羽毛，可以看到它中间有一根羽茎，两侧有所谓的羽枝，即羽毛的柔软部分。而且，羽枝可以通过名叫羽小枝和羽小钩的结构互相连接。考虑到它的分量如此之轻，这整个结构可以说相当坚硬。

羽毛的神奇特征之一是，羽茎是中空的，但又很结实。如果你见过刚孵出来的鸡雏，可以看到它们身上羽毛稀少，看上去简直像一根根独立的、长长的毛发。它们可爱的小爪子周围还有鳞片，跟鳄鱼或蛇的鳞片有些像。蛇、鸟类和人，全都有能力制造由角蛋白形成的结构。角蛋白是一种天然塑料，蛇的鳞片、鸟的羽毛、你的头发和指甲都由它组成。

研究者非常细致地观察了始祖鸟化石，其骨骼的排列形式使多数科学家认为，这些动物没法把翅膀抬到脑袋上方，而你我所知的鸟儿全都能做到这一点。大幅度的上行运动使现代鸟类能把足够多的空气向下方和后方足够快速地推动，产生升力。人们还不清楚始祖鸟是不是能用这种现代运动方式飞起来。不过——这一点对我来说非常重要——始祖鸟化石上和附近发现的羽毛不对称，这意味着这些动物能飞，至少某种程度上能飞。

如果你会开飞机，下面这点显而易见。如果不会，下次看到飞机时，注意看一下，机翼的前端要比后端厚。作为一个很好的第一次近似，机翼最厚的部位在与前端距离相当于机翼前后（从前缘到后缘）整体长度 1/4 的地方。前缘到后缘的部分称为翼弦（就像圆弧上的一段），机翼最厚的部分位于四分之一翼弦点，这是我们人类放置最大的支撑梁或翼梁的地方，后者纵向穿过机翼（横向穿过飞机机体）。鸟类用来飞行的羽毛大致也是这样，飞行羽毛的羽茎穿过羽毛的四分之一翼弦点。始祖鸟的羽毛也是如此。

现代鸟类和古代化石鸟类的尾羽都没有这么不对称，相反，它们基本上左右一样。这些羽毛不受鸟类飞行羽毛所受的力或翼面负载影响。嗯，等……等一下，还有一点。现代鸟类在它们的初级飞羽上面还有一层羽毛，称之为覆羽。在现代的飞鸟身上，覆羽用来使翅膀表面的气流更顺畅，工作原理跟人类设计的飞机上的整流罩相同。看看一架现代喷气式飞机的机翼下方，可以看到长长的所谓船形整流罩，它使控制高升力表面的部件（如副翼）周围的气流顺畅。整流罩增加了飞机的重量，但它们能减小阻力，因而是值得的。鸟类身上的覆羽也会增加一点点重量。为了长出覆羽并在损耗时进行替换，鸟类也要消耗能量。它就像你的指甲一样一直在生长，因为指甲会损耗。（在指甲上贴胶带，过上两小时，你就能看到我们对指甲的使用程

度有多高。相当惊人。）

尾部（empennage）指箭支的矢羽、鸟儿的尾巴或飞机的尾翼。注意拉丁语词根“penna”，它的意思是“羽毛”，人们用羽毛做笔有几百上千年的历史了。在讨论尾翼这个问题时一定要注意，孔雀的主尾羽跟其他鸟类的尾羽很像，它那把蓬勃眩目的、在求偶时展开的羽毛完全由拉长的、精心装饰的大型小羽毛组成。就像其他所有会飞的鸟儿那样，孔雀的覆羽也不受高升力作用影响，虽然它们的覆羽非常大。

在一项了不起的研究中，科学家使用精密的 X 射线系统分析了始祖鸟相关物种的化石羽毛。他们确定，这些羽有 80% 以上的可能性是深色或黑色的，就像渡鸦或乌鸦。你玩过扔飞盘的话，也许注意到了深色的飞盘更硬。食品容器也是如此，材料越不透明，就越是牢固坚硬。塑料所谓的颜料含量影响着它的硬度，对羽毛的原材料——角蛋白来说一般也是如此。深色羽毛会更硬，也许更适合飞行。

2013 年，第 11 个始祖鸟样本出土。始祖鸟与其他一些长羽毛的爬行动物差不多同时进化出来。对始祖鸟踝部“裤子羽毛”的分析显示，它至少能在一定程度上飞行。其他相关物种有着可用于飞行的羽毛，即使不适合全天候飞行。犯罪现场非常古老，判决尚未作出。

我承认，能飞的生物非常吸引我。也许我只是嫉妒吧。它们那极其高明的策略令我震惊：如果能飞，就能在大地或海上很大范围里旅行，逃避捕食者，寻找食物，找到脚完全不用沾泥或者沾水的栖息地。但对任何生物或人类制造的机器来说，飞行都是一件复杂的事。从工程学上讲，如果有足够大的发动机，什么东西都能飞起来。在很多方面，操纵转向的问题要更困难一些。想象一辆没法转向的汽车，我打包票它一定会撞车。飞行需要在3个轴向上进行连续、精确的转向输入:旋转、转向、升降（翻滚、偏航、俯仰）。鸟儿要是不能进行飞行控制，就注定会完蛋。始祖鸟有没有这个能力?

仔细研究始祖鸟的颅骨，特别是头盖骨，可以发现它不仅有足以用来飞行的羽毛和翅膀，还有一个大到足以控制飞行的脑子。我们几乎所有的飞机都有水平稳定器或水平尾翼，以及垂直尾翼，后者是一个竖立的部件，有着可移动的方向舵。然而想想B-2轰炸机，它没有垂直尾翼，并且根本没有尾翼。军事战术家希望取消垂直尾翼，因为它太容易反射雷达波。比起没有垂直尾翼的飞机，有着垂直尾翼的飞机特别容易被侦测到。要记住，这些尾翼能使飞机去往我们要的方向，就像箭支接触弓弦那一端的矢羽。

在我那设计军用飞机的小小世界里（有一阵子我有这方面的安全许可，诸如此类的），设计没有竖起的尾翼的飞机是非常重要的事。鸟儿不要尾翼显然挺容易，在办公室……我是说窝里待着就好了[1]。人类花费了巨大代价才设计出没有垂直尾翼但可飞行的飞机，而鸟类在此之前1.5亿年就做到了。我们花了

[1] 在窝里坐等羽毛发育好，不需要费心设计什么，长大了自然会飞。——译注

很多年才开发出速度足够快的飞行控制计算机，它能连续调整其他控制面（如内侧或外侧）的副翼，来达到目的。也许始祖鸟没有这类麻烦，因为它们的羽毛和大脑足以做到这一点。

有了这些，可以合乎情理地推断，始祖鸟应该有一点飞行能力，说不定足以像现代鸟类那样借助风力或者上升的热气流飞行。思考这个问题很有意思。就算始祖鸟不能像现代鸟类那样把翅膀抬高，就算它们的羽毛长度或强度都不足以分散重量，就算它们的脑子不足以指引它们飞过一片温暖的海洋或茂密的森林，但是，它们必然差不多飞起来过。

不管怎么说，始祖鸟基本上可以是有着半成品翅膀。迅猛龙大概有 1/4 的翅膀，或者 1/8 的翅膀。猜猜怎样？这些中间环节运作良好，它们对于与老鹰翅膀略有区别的功能适应得很好。也许始祖鸟能短距离滑行，也许它有能力从很高的树枝或悬崖上跳下，缓慢着陆，不会把腿或者喙摔坏。也许它们只是勉勉强强能飞。如果是这样，它们就好比是只有半成品翅膀。如果所有这些羽毛只是用来保暖的，会怎么样？如果我对其空气动力学表现的这番思考只是思考而已，而并没有坚实的基础，会怎么样？如果这些羽毛只是用来跟同类搞好关系的装饰品，会怎么样？从进化的意义说，这已经足够好，并且非常有用。始祖鸟只要半成品翅膀就能生存。

以现代的进化思维来看，始祖鸟是一种过渡型动物，其化石是长羽毛的恐龙向鸟类转变的过渡型。而且，如果你没听说过这一点的话，我要告诉你，如今飞来飞去的鸟类确实是恐龙的直系后裔，它们的爪子、化石、羽毛都说明了这一点。早在X射线分析技术出现之前，以及四分之一翼弦点的概念出现之前，达尔文已经极为明智地推测出了这种关系。

但关键在于，在始祖鸟生活的年代，它并不是什么东西的过渡型或者什么东西的半成品，它是一种对环境适应得很好的生物。对人类设计者来说，相对于我们对鸟类模样的预期，始祖鸟看上去像一种不完善的鸟，因为我们对鸟类的期望是由今天的鸟类决定的。在始祖鸟自己的年代，它是其生态系统里一个非常完善的竞争者。

如果这些远古的原始鸟类跟现代鸟类相似，跟现代鸟类和我们一样用羽毛保暖，那么可以合理地假设，恐龙也能像我们一样自己产生热量。如何？恐龙不是沐浴在阳光中、行动迟缓、像蛇一样的动物，而是跟蜂鸟或老鹰一样迅捷。《侏罗纪公园》里行动快得可怕的恐龙，就是受这些化石发现的启发而诞生的。这个学科还在不断变得更丰富。一些最新发现显示，恐龙不完全是温血的，但也不完全是冷血的，它们可能居于两种情形之间，是半温血的（就像半成品翅膀一样），显然颇为适应地过了千百万年。我要用一个新的术语来描述它：中温（mesothermic），意思是“热量来自内部与外部之间”。

近年来一系列的科学发现展现了一种生物与另一种生物之间的过渡，填补了进化故事中的空白，长着羽毛的恐龙就是这类发现之一。转换的精确瞬间几乎不可能找到（这正是间断平衡的特点），但在很多情况下，找到更加广泛的中间类型是有可能的——只要坚持不懈，再加一点巧妙策略。

很多年里，进化科学家因为找不到鱼和陆生动物（例如蜥蜴、鳄鱼和短吻鳄）之间的过渡型而感到沮丧，一直到他们开始思考：这样一种动物应当住在沼泽或湿地里，并且它应当生活在3.75亿年前。当人们发现了一片化石沼泽时，他们去看了，这片化石沼泽由地质板块运动带到北方，到达如今的加拿大东部。尼尔·苏宾就是这样发现了奇妙的提塔利克鱼的，它有着介于鳍和腿之间的过渡特征。在我们的讨论背景下，可以说提塔利克鱼有着半成品的腿，但从这种生物自身的角度来说，根本没有半成品这回事。它所拥有的是某种能够让它爬上陆地、逃避捕食者，也许还能更好地观察潜在猎物的东西。

这个发现的重要性再怎么强调都不为过。作为科学家以及运用科学方法的普通人，我们要的是预测，想要建立让我们对未来作出预测的理论。这是我们的本性。我们祖先中间的那些不操心预测未来的人，毫无疑问很快就在竞争中败给那些能预测季节变化、猎物群迁徙、食用植物生长的人。科学家预测能发现提塔利克鱼这样的动物，然后他们真的发现了。我在肯塔基州与神创论对手辩论时，讲清楚了这个问题。神创论与科学不同，前者不能预测任何东西，它不但明显是错的，而且明显毫无用处。而且，对于提塔利克鱼这样的动物来说，既像鳍又像腿的肢体当然非常有用，它们就是用这些肢体来活动、捕猎、逃避捕食者以及繁殖后代的。

半成品翅膀的作用是一个老问题，在进化语境下，它有着清晰明了、富有说服力的答案。关于进化如何产生中间类型，还有一个精彩的例证。20 世纪 90 年代，一群化石猎人发现了一种鲸的遗骸，它们曾经会走路。这可不是开玩笑。陆行鲸[1]（*Ambulocetus*，会走路的鲸）化石出土于现在的巴基斯坦。这种动物有着像鲸的鳍状肢以及有脚趾的脚。

陆行鲸应该漫步在浅水中，由牙齿来看，它以其他动物为食。通过分析这些牙齿的化学成分，研究人员确定，陆行鲸能从海水转移到淡水中。它们居住在河口，即河流与海洋交汇之处，在这些一看名字就很丰饶的地区，它们觅食也许很容易。而且它们有毛发，多得足以在化石里呈现出来。这些动物进化成了现代的鲸，它们有半成品的鳍状肢和半成品的足。可以确信，它们对两者都善加利用。陆行鲸的数量曾经很多，并且在很长时间里维持了生殖能力，这才使我们能在 5000 万年后发现它们的化石。

半成品翅膀、半成品的足，或者半成品的鳍，它们都适应得很好，足以应付其后代在今天飞翔、行走和游泳的需求。每种特征在自己的年代里都必须运作得足够好。它们都确实做到了这一点：足够好。

[1] 中文别名为走鲸、游走鲸。——译注

# 21 人类身体：会走路，会说话，足够好

要看到足够好的设计方案的例证，并不需要挖掘历史，甚至不需要去动物园。可否允许我充满敬意地请你走到镜子前面？你、我、我们的父母、他们的父母、你的孩子们，都是“足够好”的进化原则生成的会走路、会说话、（有时候）会跳舞的产物。你和我都会磨损。你也许已经身上这里那里痛、戴眼镜、补过牙。但你这一代，不管怎样已经足够好到可以走到今天。这是自然选择塑造的另一个结果。在进化的世界里，足够好表示就像实际做到的那么好。自然没有道理采取其他方式，并没有什么进化压力能产生超出必要需求的设计。

生物体的每个特征都需要花费能量来制造。你的手、眼睛、大脑所有这些都需要化学能，制造这些部件的规划蓝图或设计方案来自你的DNA。在人类设计商店里，并没有谁在考虑我们将来会需要什么特征。不管哪种生物，伴随着它们（或我们）

随机发生以及性选择的变异，如果碰巧对它们（或我们）遭遇的世界适应得更好，就成为有机会繁殖的那些个体，就像你这样。你的每个特征，包括眼睛的颜色、指甲的厚度、肘关节、情绪倾向，都要么让你能活到足以繁殖后代的年纪，要么不能。大自然的好设计在竞争中打败了她自己的那些不那么好的设计。

自然选择的这个根本特征解释了一件我们都很担心的或者就算不是特别担心但至少也深刻地认识到的事：所有的人都会死。我知道这很讨厌，但这就是世界的运转之道。从进化的立场来看，或者从你的基因的立场来看（如果它们有立场的话），这会带来什么不同？你有这么一个很棒的大脑，能够担心这件事，这是你自己的问题。不管你我是不是把这种关注表达出来，进化以及它那 1600 万个物种的动物、植物、微生物和病毒都会一直运转下去。所有我们这些生物，从水母到斑马，都要打出自己拿到的这一手遗传之牌。

真正把这个问题摆在我面前的，是超级英雄的幻想世界。人人都知道超人、蜘蛛侠和金刚狼等超级英雄，他们有超能力。啊，要是我们能飞多好！那该有多酷！要是我们有超常的力量会怎样？要是能用智慧战胜你能想到的每个坏人，难道不是很棒吗？对我来说，漫画书里的英雄帮人们想象在生物学上能对自身进行怎样的改造。超级英雄还是一种培养逻辑思维的方式，我没在开玩笑。如果你像绿灯侠一样能用戒指移

动物体……除非物体是黄色的[1]？在某种层面上这很蠢，但在另一层面上，这是一个思想练习，能帮助你注意到周围世界的某个细节，很多人可能会忽视它。

在这个讨论里，蝙蝠侠很重要。等等，听我说，他没有超能力，他只是一个特别聪明、体格特别好的人，一直很酷，特别有钱。噢，我想变成这样！但就算在蝙蝠侠身上也有很多人类特征是考虑周到的设计者——用神创论者喜欢的说法是智能设计者——可以改进的。

人类设计的最明显谜题之一，是我们的排泄管道与进行生殖、制造快感的通道离得很近（就算蝙蝠侠也是如此，我觉得。虽然此类信息一般不为人知）。人类的肛门就在阴茎或阴道旁边。你会把尿道放在中间吗？如果由你来负责，你难道不会把它们设计得远一点？这能有多难？（汽车的进气口和排气管分别位于两头，不是吗？）这看上去是一个简单问题，很容易改正。比如说吸入空气吧，为什么你的进气孔就在燃料注入孔的旁边——其实是就在它上面？你的气管就在食道旁边，因而很容易被呛到。这到底是怎么了？难道不能改进一下？

为什么有人需要戴眼镜、配上矫正镜片？作为设计者，你难道不会给所有人都配备完善的版本？为什么这么多人会晒伤？为什么我们的皮肤不能既更加敏感又更加强韧？臀部、膝盖和前交叉韧带也是如此，它们为什么不更耐用一点？要是那

[1] 绿灯侠是美国DC漫画公司作品里的一批超级英雄，在故事设定中，早期的绿灯侠力量戒指在黄光面前无效。——译注

样，我们就不需要那些更换和修补手术了。

下次盯着一只章鱼的眼睛看时，请对它表示敬意，因为它的眼睛设计得比你的好。我们的视网膜中央附近有一个盲点，就在视神经的连接点上。大脑要对图像缺失的部分进行补全，这样你就注意不到了。而且人类眼睛的感光细胞位于其他组织层后方，这会造成轻微的失真。这并不是一个最优的视觉方案，但我们进化出来就是这样。章鱼的眼睛就没有这些问题，它们的眼睛和人类的眼睛由不同的进化道路产生，各自成为现在的样子。

在美国职业棒球大联盟的投手中，每三人中就有一人会接受一种称为“汤米约翰”的手术（得名于第一位接受该手术的球员），以治疗肘部的尺侧副韧带磨损。医生会从投手身体的其他部位取一条韧带，在胳膊的骨头上钻孔，把替换的韧带系上去。这个手术效果很好，现代外科医生做过多少这样的手术，实在多到无法计算。如果让你来设计肘部，难道不会把肘部韧带造得更好、更结实一点？或者，你难道不会设计出根本不想打棒球的人类？也许这样更好：让我们的大脑在肘部韧带磨损之前就不再想打棒球？不。投手们用他们生来的胳膊投球，如今他们中间有 1/3 要依靠别人来解决他们过度使用韧带的问题。

就我看来，最大的问题是大脑。首先，为什么我们需要睡觉？为了大声哭叫（就像婴儿习以为常的那样），为什么不设计一个每天 24 小时、每周 7 天持续运作的大脑？计算机夜以继日地运行，毫无困难，为什么我们不行？为什么我们会迷惑（就我

而言是更加迷惑）？为什么我们没有一个能够弄清一切事物的大脑？这能有多难？我们中间有些人能飞速解答算术问题，为什么不是人人都有这种能力？为什么我们不能生来就能解微积分题？如果有合适的设计者，我们是不是可以生来就配置齐全，就像卖汽车的所说的那样？但我们没有。原因在于进化。

像地球上所有其他生物一样，我们的身体反映了一代代的、构造好到足以繁殖的祖先们的生理特征，他们所要实现的仅仅是足够好。难以接受进化过程的人经常会指着（但不是捅）人类的眼睛赞叹它的构造，坚决不信这样一种高效而美妙的构造能在没有全能设计者掌控的情况下产生。真的，这不过是另一种“半成品翅膀”理论，同样很容易驳倒。

稍微花点时间，就能在自然界中找到无数有感光细胞的生物。对我们来说，想象细胞能感受热量是很容易的。光和热是同样的能量，只是波长不同，并且通常密集程度不同。比如说，自然界里有一种扁虫拥有感光细胞。在某种软体动物的壳上，感光细胞形排列成一个空洞或凹陷，对它们来说这就是足够好的眼睛。鹦鹉螺的眼睛里有感光细胞，它们的眼睛只能通过一个极小的开口接收光线，就像针孔照相机。蜘蛛眼睛的晶体使它们能感知到光线来自何方，昆虫有着重复样式的复眼晶体，等等。

我们的眼睛来自千百万年的试验和纠错。有些生物有着透明的细胞。换句话说，从涡虫的“眼点”到井盖那么大的大乌贼眼球，再到解像图比我们高出 8 倍的秃鹰眼睛（好比它们的智能手机像素比我们的高8倍），有很多很多中间环节的例证，这些中间环节今天依然存在。我所说到的每一步如今在自然界中都存在着，因为每一种眼睛都足够好，能使拥有它们的动物和基因留在生命的赛场上。

说到生命的竞赛，你觉得世界上最危险的动物是什么？坏蛋中最坏的那一个是谁？当然是你，是我们人类。我们是占据主导地位的实体。如果你是一头奶牛，人类会饲养你，挤你的奶，杀死你，吃掉你。如果你是一只老鼠，尽可以在地上跑来跑去，但如果妨碍了人类，就会被干掉。哎呀，你可以是一头游弋在大海中央的鲸，人类会造出足够大的船，航行到开阔的海洋上，对你穷追不舍，把你猎杀。人类非常了不起，因为我们有着巨大的大脑（尽管并不是人人都充分使用大脑——我又想起了我的前上司）。为了打击一下你的气焰，请容我指出，崇高尊贵、使我们凌驾于其他所有物种之上的人类大脑，也只是进化的“足够好”标准的另一个例证。

与身体重量相比而言，我们的大脑比其他动物（比如马）的大脑要大得多。我相信，马之所以会受惊乱跳、行为狂野，以人类的标准来说表现得不理智和危险，大脑是其中一部分原因。与狗相比，我们的大脑非常巨大，就算与你养的那条性格可爱、欢快、聪明的狗相比也是如此。我们的脑-身重量比例比人类遗传上的表亲黑猩猩要大，但与老邻居尼安德特人相比并没有大很多。人类在竞争中击败了尼安德特人，或者还有20多种与现代人类非常相似的原始人类祖先。我们只是他们的下

一步。与他们相比，我们的大脑相对于身体的大小只是大一点点，大脑运作方式也没有什么独特之处。你见过狗在睡觉时也不安静的情形吗？它们动啊抖啊，跟人类很像。无须成为神经科学家，你也能看出我们最好的朋友是在做梦。它们大脑的组装方式与我们的很像。

好到足以使我们在生态系统中与这么多其他生物竞争求生存，我们拥有的只是这么一个大脑的最新版本。为了生存，我们的交流方式比最近的遗传表亲——黑猩猩、倭黑猩猩和大猩猩复杂得多，至少在我们看来是这样。我们会写书，会感谢读者读我们的书，谢谢你。我们能理解自然界的模式，将其记录下来，并且根据这些模式进行预测。我们能发现微积分，编写戏剧，发明电影放映机，用活动影像描述将会实现或不会实现的未来。如果我们不具备这种神秘能力来退后一步、认清自己在地球上和宇宙中的地位，就不可能有这些关于进化的讨论。一个更好的大脑，并不等同于一个完美的大脑。

虽然我们的大脑使我们能预想美好未来，但我们并不清楚，到底我们能不能在星系或宇宙中随意航行，降落在某颗恒星上，与（比方说）讲英语的生物聊天。谁知道呢？将来某个时候，说不定会有智能高得多的物种回头审视我们，认为我们是拥有“半成品大脑”的某种过渡类型。

忍耐一下，再看一点让人高兴的证据，它表明我们的大脑拥有“足够好”的设计。研究表明，不止是大脑指挥着人的运动，运动也能影响思想和感觉。试验参与者被诱导走向一位陌生人时，与他们被诱导着走开的情形相比，他们会更喜欢这个陌生人一些。朝着某个人移动，会使我们感觉在某种程度上接受这个人，心理学家和神经科学家为此造出了“体验认知”这个词。当大脑指挥身体做某件事的时候，身体在一定程度上也指挥着大脑产生某种感觉。我之所以提到这个，是因为对我来说它是另一个信号，表明我们的大脑源自祖先的大脑。说得滑稽一点，我们可以称自己为某种衍生物。跟其他原始人类相似，我们只是现在变得比较有趣（或者高大、聪明、伶俐、迷人）。

而且，跟身体的其他部件一样，大脑也是会死的。为了延长寿命，人类正在基础研究和医学方面做着各种各样的努力。我们的后代子孙也许能活到两百岁，但我觉得，就算是这样，对进化体系来说也没有多大区别，因为真正重要的是把基因传递到未来。对你、对我、对龙虾来说，都是如此。人类的繁殖期可能仍然只会维持 30 年左右，即使这个人还能再活几十年，再交几十年的税。只要我们继续繁殖后代，变老、身体零件磨损之类的事情对进化并不会有什么影响。对我们的祖先来说，30 年的繁殖期已经够好了，不管好坏，它对我们必定也足够好。

在我看来，可以合理地认为，人类的自然寿命也是自然试错的产物。如果我们的寿命太短，就活不到能够进行性活动以繁衍更多人类的年龄。如果我们活得太久，免疫系统就要花太多力气来对抗一代又一代的细菌和寄生虫。七八十年或者 90 年是一段自然合适的时间，既足以繁殖后代，又不至于成为负担——不管是免疫系统的负担还是部族的负担。这个想法到底

是让人烦恼还是振奋，取决于你怎么看待它。

假如你知道自己能活两百年，那你还会这么努力吗？你还会勤奋工作让自己过得更好吗？你还会费心去学代数吗？还是觉得以后再学也不迟？你的繁殖时间会有变化吗？女性 60 岁以后还能怀孕吗？男性的精子质量难道不会随年龄增长而下降？活得久也许很有意思，但长期来看，它可能不会让我们的繁殖能力和进化产生多少改变。

我们所有的人，所有读到这段话的人，都已经活到了现在。如果我们在遗传上不是足够好，就不会在这里，这是一个令人鼓舞的想法。我们赞美某些人的容貌或才情，但大家的共同之处远远多于不同之处。证据就在生活中：我们都活了下来。不管你觉得某个人有多丑，他来到这个世界的方式跟你是一样的。俗话说得好，什么锅自有什么盖来配。

# 22　进化让我们不相信进化

经常碰到有人说“我不怕死”,但我不相信。每个人都怕死,这是让我们作为一个物种生存下来的本能之一,也是人类进化的一个关键特征。我严重怀疑,这也是导致那么多人不相信进化真实存在的原因。人生有时候就是这么讽刺。

勾起死亡恐惧一点也不难,只要设想一下:你站在一座很高的桥上,就像纽约州康奈尔大学附近的桥那样,那儿的峡谷有 50 米深。你很害怕,害怕有什么特别糟糕的事情发生,会让你探出头去看,结果身体倾斜得太过了,诸如此类的。或者你正在过马路,一个正在发短信的司机差点撞到你。也许他在最后关头踩下了刹车,轮胎发出刺耳的声音,喇叭拼命地响,你的心都要跳出来了。你吓得魂飞天外,因为他差点撞死你。我们害怕黑夜里所有的东西,因为那有可能是什么危险的东西发出的声音,比如狮子、老虎或者熊,它们会要你的命。

那些不怕高、不怕吃到有毒的东西、不怕毒蛇和毒蜘蛛、不怕溺水的祖先，呃，他们都死了。他们缺乏那种保护自己生命的本能，这种本能深植于我们心中，而且理当如此。在与神创论者肯·汉姆辩论之后，我对死亡恐惧进行了很多思考。一些有头脑的聪明人在话题转向进化时会突然逃避客观证据，这里面有一个根深蒂固的原因。我觉得这与死亡恐惧有很大的关系。

你大概知道，有一群爱搞怪的人在网上评选所谓的“达尔文奖”，大部分只是些关于人们如何特别蠢、特别危险地作死的新闻报道，其中有很多看上去像捏造出来的，但读起来很有趣。比如，有个人找到一包陈年炸药，把它埋在地里，然后使劲把周围的土壤夯实。在敲敲打打的过程中，炸药爆炸了，这个人化成飞灰，几乎没留下什么东西可供警方调查。又比如，有个人把喷气起飞助推火箭绑在车顶上，点火之后，整个装置飞到空中，掉下悬崖，把汽车和试验者本人都摔得粉碎。这些人全都获颁“达尔文奖”，虽然是在身后获得。此奖意在表彰他们不畏死亡，并因此付出生命。

这个奖还有一个科学寓意。进化不仅会影响身高、指节数量、眼睛颜色和耳廓形状，也作用于人们的情感。我们的感受是进化产物，对死亡的恐惧无疑正是如此，繁殖后代的动机当然看起来也是如此。我们想到性的时候，实际上想的是需要什么才能进行繁殖（婴儿）的活动（也就是性爱）。我们中间的大多数人整天都在想着这个。你不妨讲几个自己的性爱笑话，注意一下想到它们有多容易。性时时刻刻都在脑子里，就在表面之下。

如果基因驱使我们活下去并繁殖后代，而且我们夜以继日无意识地受到这种冲动驱使，这对创造的其余部分——对整个大自然有何意义？我喜欢把人们（至少是我自己）与狗相比。我观察过狗，它们会做梦，会恐惧，当然也像人一样有时非常可爱，有时又很难相处。但我不清楚我的狗狗朋友们是不是像我的人类同事和我自己一样，对于自身存在的特性想得那么多。我见过狗狗很害怕的情形——害怕苛刻或暴躁的主人，或者另一只更大的狗，但并没有见过哪只狗像我一样时不时因为自我怀疑而垂头丧气。我的头脑很开放，但并不认为狗会去思考宇宙的起源和生命的意义，就算是那些我花了很多时间跟它们探讨这些问题的狗。至少它们不会像你和我那样去思考这些。

显然，拥有人类大脑的后果之一就是，除了能做的所有其他了不起的事情（比如拉小提琴，想出一个微积分技巧，撑杆跳过高墙和细条纹的栏杆），还能够思考我们自身的存在。地球上没有其他生物能做到这一点。好啦，我知道海豚非常聪明，但我不觉得它们会建造图书馆，它们连设想一下这种工程都做不到。我们有着思考和推理之类的特殊能力，不愿意相信这些都会终结、我们全都会死。但如我所知，所有活过的人要么已经死了，要么将会死去。你设计的房子会怎样？你写的诗会怎样？你恋爱时的感觉会怎样？如果没有你，这些东西就不会再有了，基本上它们都会瞬间消失。这就是人类生存的可悲特性。

如果你活到 82 岁零大约 7 个星期（具体数字取决于闰年），就在地球上活了 3 万天。就是这样！我小时候很难想象 3 万个

随便什么东西，这个数听起来太大了。我只是想着，要是有 3 万美元，我能玩上多少软木飞机和模型火箭啊！对于一个交着税、写着书的成年人，它看着就不是什么大数目了。试着这样设想人的一生：全美橄榄球联赛的达拉斯牛仔体育场能容纳 10.5 万人，想象你站在场上看着生命流逝，每一天占据一个不同的座位。你连 1/3 都撑不到。座位还没坐满 1/3，你就死了。而且这还是在你活得挺长的前提下——82 年还多一点！哟！

我们是不是唯一有这种感觉（末日将至的感觉）的生物？看上去确乎如此。我花了很多时间在太平洋西北部观察三文鱼，跟它们一起游泳。当三文鱼到了奔向上游去交配的时候，它们就不再吃东西了。它们会从内部消化自己，以获得所需的化学能和食物。实际上，在奔往上游的过程中，它们是在以自己的消化道为食，直到死去。三文鱼在奔往上游产卵或释放精子时，是不是知道它们会死？还是说它们就像性冲动特别强烈的十几岁少年？——没法考虑其他的事，甚至连食物也不考虑，或者说实际上是不肯考虑。还是说，三文鱼知道自己的生命即将终结？它们会难过吗？我得说，看上去不会的。它们游泳，交配，死去，看起来并没有太多别的东西。

显然，我们最近的亲戚——黑猩猩在群体里有伙伴死亡时，会经历几天的愁闷或悲悼。它们是否会为同伴或伴侣的死亡而举行仪式？如果会的话，我疑似它们看待这些事跟人类一样严肃。

但人类呢？ 我们简直疯狂。我们造出各种各样的东西来向自己保证，除了游泳、交配和死亡，人生还有别的东西。我们把自己书写和思考的东西保存在图书馆里。我们给受尊敬的人竖立雕像，使得这些人至少在某种意义上继续存在，或者让关于他们的记忆继续存在。我们用一些人的名字给建筑物、高速公路和山峦命名。我们保存着亡故的长辈的信件。我们立起墓碑。所有这些东西都在某种程度上保存着一个生命，或者是一个生命的成绩。

看起来我们真的很特别，那么在牛仔体育场的另一边难道不会有什么特别的东西等着我们？但在衰败死亡的过程中，我们的思想看起来无非也就是一个精妙复杂的化学构造和化学反应系统的产物。我清楚地记得祖母跟我谈起野花时的情景。她的记忆力特别好，并且以博物学家的注意力描绘细节，在新英格兰田园风光和很多野花方面有很多艺术作品。她跟我讲到花粉、雌蕊、雄蕊和卵，我记得还有几次谈到棒球。她听棒球广播，有时表现出对细节的惊人注意力。她会评论唐·马丁利的挥棒，虽然并没有亲眼看到，只是思考着听到的东西、球飞行的方向，等等。然而，在临近生命终结时，她那令人惊叹的头脑不见了，在棒球、野花、对艺术铅笔的精细控制以及其他所有的事情上，她的能力都变差了。

我曾经与喷气推进实验室的行星科学家布鲁斯·默里密切合作，他是行星学会的创始人，对美国的空间计划有巨大影响。他坚持让早期的空间探测器带上照相机，人类拍到的首批火星照片大部分要归功于他。在生命临近终结时，布鲁斯会给你讲很多那些光辉岁月里的事情，但根本不记得自己今天有没有吃

过午饭，更不用说吃了什么。行星学会为了纪念他，把我们的图片和视频资料藏品命名为布鲁斯－默里空间图像图书馆。他的记忆力丧失，是我们这由进化塑造的、足够好的大脑的化学构造的佐证。尽管许多人相信来世，但看起来这些了不起的人的意识并未能传送到什么美妙的永恒之地、进入休息和冥思。相反，看起来，在身体关机的时候，他们作为特定系统的功能也丧失了。

世界的实际运作方式与我们期望的运作方式之间这种永无止息的冲突，要归咎于进化。对死亡的恐惧加上构想未来的新能力，使得人能在竞争中胜过其他物种，但这个组合也使我们无法相信自己所看到的就是一切。我们的大脑太大了，没法不这么思考世界。

我在猜想我们是否独特，这个问题换个说法就是，我们有巨大的大脑意义何在？勤奋的古生物学家和人类学家把山脉和河谷拿篦子篦过，寻找更早版本的人类。研究人员发现了数十种骨骼和头骨，属于我们非常非常遥远的亲戚。研究这些与人类相似的类人时，我们认识到，它们跟我们非常相像。研究尼安德特人、克罗马农人或其他类人祖先时，情形很清楚：如果这些人的穿着跟我们一样，在熙熙攘攘的人行道上你不会注意到他们。看起来他们就是跟我们非常像，他们的大脑也跟我们的非常像。他们有着与我们差不多的世界观，也对死后的生涯有着相同的疑问或信仰。

看起来，人类有着最灵活的大脑，使我们能投掷、接住和击中棒球，也使我们能发明棒球运动的规则，比以往更能胜任。看起来，同样的大脑使我们有能力思考自己在世间万物中的位置，引导我们研究科学，发现进化。我们是进化的产物，同样地，在一切都结束的时候，我们无法相信一切就这么结束了。

人类大脑的进化是一个巨大的讽刺：我们的长处也是自己的弱点，我们的资产也是自己的负债。经过成千上万年的改良，我们识别模式的能力比所有其他生物都要强。没错，合适的季节来临时，王蝶会向南飞。白昼变短的时候，落叶植物的叶子会落下，而在内部的化学之钟显示时机来临时，它们会长出新的叶子。然而没有哪种生物能够制订有闰年的日历，没有哪种生物能发射由化学和物理作用驱动与引导的火箭，飞向太空然后返回。不过我可以想象，有一个群体几乎就可以做到这些事。只是我们在模式认知方面强一点点，所以我们在寻找最佳食物来源和栖身之所时打败了他们。现在，世界上只剩下我们有着这个让自己疯狂的大脑。

这让我想起了肯·汉姆和他的信徒们普遍相信的观念：地球只有6000年历史。与汉姆先生辩论时，我提到了许多地质证据，表明地球比这要老得多。但对于我的对手来说，辩论不在于我们这颗行星可检验的年龄，问题在于进化，在于我们的大脑能观察到东西和我们能获取并存储的知识，与让我们达到这了不起的地位的过程之间存在不可调和的矛盾，正是同样的过程使一些地雀的喙短而尖，其他的长。他就是没法相信。

人类的生命短暂得令人烦恼，我对此深表同情，但每个人

所拥有的就只是这么相对短暂的一生。一厢情愿的想法不能改变事实,但科学的想法能把生命带入更广阔的境地。人固有一死，这会让你失望，让你想听那些关于人生多么悲伤的西部乡村老歌——它也可以让你充满喜乐。

对于自己怎样来到这世界，我们已发现了至少一条近乎难以置信的真理。自然和宇宙令人惊奇的地方在于，我们竟然能理解它们。人类已经以当前形式生存了近 10 万年，而我们对进化的了解几乎全出现在过去 150 年中。想一想，如果能保存生物多样性并提高每个人的生活水平，我们这个物种还将遇到什么？我们会做出新的发现，使我的祖母、我的同事布鲁斯和今天的你我都感到震惊。

# 23　微观宏观，都是进化

为了理解进化，我们既要往大里想，也要往小里想。在进化研究中这是一个反复出现的主题，可以一直追溯到达尔文与华莱士。我全职当工程师时，在一家公司给巨大的飞机画图，在另一家公司给微型仪器画图。几乎所有的工程学图纸右下角都有一个方块，身为设计者的我会在这里标明比例尺。在波音公司，我画的是 1 英寸代表 100 英寸，1∶100；在汉胜公司则是 1 英寸代表 0.010 英寸，100∶1。物理学在每个尺度上都运作得很好，这至今仍让我深感陶醉。强力到能移动一幢房子的液压驱动器与可以探测月球引力的微小弹簧都服从着同样的自然规律。

在进化方面，我们既要考虑宏观图景，也要考虑微观图景。自然影响着每个个体，但自然选择的影响只有在大尺度上才是明显的：群体、种群、物种和整个生态系统。研究者们造出了

微观进化和宏观进化这两个术语来描述进化不同的展现方式，虽然两种方式都由同样的基本规则引导，从微观到宏观。总有神创论者让人只往小里想，特别是在美国。他们接受微观却拒绝宏观，因为他们的信仰只能接受微观。这很悲哀，而且这不是科学。自然界是一个套餐，你不能选择喜欢哪些事实、不喜欢哪些。在这种情况下，对于宏观进化和微观进化，离开其中任一种，都没法理解另一种。

达尔文自然选择理论的最初形式，描述了生物体一旦置于环境中之后会发生的情形。对我们来说，这个过程从出生时开始，对植物来说是种子诞生的时候，对鱼来说则是它的卵被产下的时候。每个新生代要么能利用它所在世界的资源，要么不能。它有可能很幸运，有着丰富的资源，对细菌是化学能，对青蛙是一片很棒的湿地。你生来带有一套源自你祖先的基因，能让自己保持温暖或凉爽，或者消化周围的食物资源，这就是选择的力量。不过，生物一代代变化的方式也有其他样子的。

有没有在繁殖（即被选中）之前被吃掉或者杀死（即未被选中），是遗传变化的一个巨大推动力。但基因也可以仅仅通过随机突变而变得与父母的基因不同，随机突变是不完美的 DNA 复制过程，在字面意义上它可以是一缕来自外层空间的宇宙射线击中了你的一个基因，使它发生改变。基因有时还会在 DNA 分子里从一个地方跳到另一个地方，称之为转座子基因。也有可能是你父母的卵子或精子（或植物的卵和花粉）被某些化学物质搞乱了一点。也有可能是地壳里的某些放射性元素释放的射线导致突变。有时病毒会进入生物的生殖细胞,改变它的基因。病毒的操纵还可以加以有意利用，比如说用来调整玉米植株的基因，使它们对除草剂有更好的耐受力。

繁殖时发生的微小变化，使你的 DNA 和基因配置可以为你和你群体里的其他成员做出改变，这称为遗传漂移。如果环境发生变化时基因发生了一点漂移，则这些漂移的基因有可能是唯一能够在变化中存留下来的。这是微观进化的一个例证——一个物种或种群内部遗传组合的变化。可以简单地将它想作短时间内的微小变化。

变化的另一个来源是随机变异在小种群中得到放大。设想有一袋万圣节糖果，其中一半是橙色，另一半是棕色。把手伸进袋子，抓一把糖。一般说来，抓出的糖越少，两种颜色数量不平均的可能性就越大。如果抓 5 颗糖，有可能是 3 颗橙色、2 颗棕色，有着偏向橙色的 20% 的误差。而如果能抓出 500 颗，组合里的不平均就会消除，橙色与棕色的比例会接近得多，极少会出现 20% 这么大的误差。对于自然界里的基因，如果环境变化使你困在很小一群个体之中，相当于一小把糖果，从这一刻起，你那不平均的组合就会受到青睐。它将是得到传递的那个基因组合。因为在这种情况下，我们只考虑一个物种，进化生物学家通常把这也称为微观进化。

顺着这个思路，假设某群体里有一个有利基因，比如肤色略深，能更好地保护生物免受阳光中的紫外线伤害（这种情况不时地在发生）。在有着大量紫外线暴露的地方，有着这个突变

的人可能会表现突出，更加频繁地生育，这种有利的深肤色基因会在他们的子孙后代中优先显现出来。由于这对人类文化非常重要，我将用整个第32章来讨论该现象。研究者将此称为基因流动。基因流向种群，虽然是通过连续的世代。由于我们只是在谈论一个生物体内的一个基因，研究者有时将这也称为微观进化。

作为对比，还有着宏观进化：扩大的性选择、人工选择和自然选择。此时考虑的不是一个生物的一个基因，而是环境变化或大灭绝事件导致的大范围物种变化。微观进化和宏观进化在本质上是一样的，只是发生在不同的尺度上。我们可以研究单个基因，它是生物DNA分子上的一段化学物质序列；也可以研究某种生物的一个种群，或者一个有着各种生物的生态系统。它们都根据同一条准则来通过筛选或者被淘汰：如果你适应，不管是一个基因还是一整只暴龙，都能延续下去；如果不适应，就不能延续。

微观与宏观之间的差异对进化生物学家非常有用。作为一个科学教育工作者，我在面对神创论团体时会遇到这方面的麻烦。根据我在与特别热衷于神创论的绅士肯·汉姆辩论时直接了解到的，神创论者会把他们看到的任何东西或他们声称看到的任何东西都当成进化科学的漏洞。请注意，找到科学理论的漏洞是很崇高的事，是科学发展过程的关键组成部分。但它需要诚实和一致，我并没有在神创论者的主张里看到其中任何一点。

神创论者会说，他们接受微观进化，例如一种病毒毒株可以突变成另一种，使人类身体的抗体库找不到匹配。这种事在每年的流感季都会发生，很难否认。但他们随即掉过头来，坚持认为人类与地球上的其他生物毫无共同之处，因为某种更高的力量花了心思把人类造得不同。他们用微观进化这个术语来描述他们觉得在神学上可以接受的那部分进化，而用宏观进化来称呼他们不喜欢的那部分进化，也许是因为这部分内容太让人困扰。对他们而言，宏观进化不可能是真的，因为它无法与他们的信仰相容——相信自己是特别的、受拣选而得到特殊对待的。

你可能知道，神创论者花了很多精力，设法使他们的信仰与我们看到的世界相容。他们发明各种术语，写了很多故事，竭力把不可置信的东西变得可以置信。他们在读英文版《圣经》的时候，发明了一个名义上源于希伯来语的词“baramin”，以描述 4000 年前的一条船上的 7000 种植物和动物，这些生物随后（通过微观进化……不知道怎么就变成了宏观进化）发展成了 1600 万个物种。他们用“变异选择”这个词来描述能在自然界中观察到的现象，例如伦敦地铁里蚊子的物种形成。但他们不接受我们与所有其他生物有着共同祖先的宏观图景，也不接受深时和地球年龄的证据。

包袱在这里:脱离了宏观背景,所有的微观概念都毫无意义;反之亦然。微观进化只是宏观进化赖以发生的原料。科学概念脱离背景时会令人困惑甚至产生误导，这就是一个例证。重要的是，自然并不在意你用什么词。

神创论者对时间和精力的浪费让我吃惊。我很想无视它而专注于真正的科学，但神创论者特别努力地干扰科学教育，把他们那奇怪的世界观强加给我们的学生。因此，且让我们在这个不走运的环境下尽力做到最好，把神创论者的攻击当作一个学习机会。如果你听到微观进化和宏观进化这两个术语，则注意一下说话的是谁。想想进化怎样运作，在所有的空间和时间尺度上。病毒每天都在变异。鱼在数亿年时间里进化成陆生动物，最终变成恐龙和蓝鲸。在所有的尺度上，这都是一个美丽又复杂的故事。

因此，拜托你往大里思考，严肃地思考。

# 24 法拉第与科学发现的喜悦

如果相信民意调查的话，美国公众大概有一半人不相信地球生命——包括人类——是数十亿年自然进化的产物。与此同时，同样是这些人却看上去能全盘接受科学发现和工程带给我们的其他事物，对食物的化学合成、智能手机的电物理学以及使GPS信号准确的相对论校正（爱因斯坦的相对论）都毫无疑虑。也许就像我先前猜测的那样，许多人拒绝接受进化论的部分原因是恐惧。如果是这样，科学家和我们这些科普作者就有了一项特殊的责任。恐惧把人们拽向一方，我们有责任把他们拽回来，给他们一些同样强有力的、美妙的东西。

太多的时候，事情并不是这样。我遇到过很多人跟我说，他们接触科学的方式并不快乐，被迫去记一堆晦涩的事实和令人困惑的方程。他们的总体感觉是，用科学家的眼光去看，世界很艰难，而且有点烦人。天哪，天哪，我的世界观可不是这样。

让我给你讲个故事，它至今还让我疯狂着迷。

人们经常问我：如果能见到一位历史人物，你希望见到谁？我会马上轻松给出答案：英国天才迈克尔·法拉第，将电学实用化的人物，历史上最伟大的通信专家之一。1800年左右，欧洲许多科学家忙着做电学实验。亚历山德罗·伏打把铜锌交替的金属片堆在一起，中间用浸过盐水的布料或硬纸板隔开，产生他称为电动势的东西，我们现在称之为电压。安德烈·玛丽·安培用实验证明了电流强度与其产生的磁力之间的关系，我们现在把电流单位称为安培。迈克尔·法拉第弄清了电学机制的许多关键细节，造出了世界上第一台电动机，并热情洋溢地将他的观点与大众分享。

1825年，法拉第开始在伦敦皇家学会[1]举办一系列讲座，称之为圣诞讲座，面向包括儿童在内的公众。从那以来每年都会举办此类讲座，只在伦敦于第二次世界大战期间遭到轰炸时例外。卡尔·萨根是圣诞讲座最著名的当代主讲人之一，于1977年参与。这些讲座当然包括文字内容，但也有演示内容，包括精彩的科学实验以及吸引观众的技巧。法拉第在自己的实验室里研究几年之后，演示了一个这样的实验：在长2米的实验台或实验桌上放两个线圈，由并行的线相连，就像一条玩具火车轨道，两头各有一条隧道，在线圈中央一块形状合适的木头上放一个磁力指南针。

[1] 英国主要的科研推进组织，相当于国家科学院，创建于1660年，是迄今仍然存在的最古老的同类组织。——译注

人们了解磁力已经有几个世纪了。克里斯托弗·哥伦布就是依靠磁针来指引船队的航向，这根磁针放在一块形状合适、漂浮在水中的软木塞上。但法拉第把磁力带进了新疆域。实验台一头的线圈里有一个指南针，法拉第在实验台另一头的线圈里来回移动一块磁铁，指南针动了。你可以自己试试，会得到同样的结果。台上一头的磁铁移动，会使另一头的指南针移动。

这听起来好像没什么了不起。看到这里的读者，很多人都可能玩过磁铁和指南针（说不定还弄坏过几个，原因是磁力太强、离指南针那精细的针太近）。理所当然，有其他人注意到，当电流流经电路时，线路周围会产生磁场，很容易影响指南针。但法拉第认识到了前人显然未曾认识到的东西：这个过程反过来也可以。让磁铁在金属线旁边运动，金属线里就会产生电流，法拉第观察到了这个现象，对关键理念进行了详细描述。要点不在于磁铁，而在于运动的磁铁、运动的磁场。

在圣诞讲座上，法拉第不仅仅是让磁铁靠近金属线，而是让磁铁动起来，从而创造出一个运动的磁场。他的观众看得入了迷，其他科学家也是。今天你日常接触和看到的所有东西，其存在差不多都要归功于法拉第的发现，因为我们靠着他的发现来生产电力。随便往四周看看，目光所及的哪一样东西不需要电？简直没有！要是没有电，就不会有电灯、电视机、电脑、电冰箱、咖啡机。所有制造出来的东西——桌子、椅子、汽车、街道、地毯、瓷砖、衣服——如今都需要电力。生产食物的农场依赖机械和运输系统。写这本书的时候要用电，出版印刷的

时候也要用电，不管读者是听我的声音、在纸上读到还是在屏幕上看到。

容我把最精彩的留在最后：迈克尔·法拉第做完演示后，一位女士走过来问他："可是法拉第先生，这有什么用呢？"法拉第给出了一个著名的回答："夫人，刚出生的婴儿有什么用呢？"

我希望你能感受到法拉第的怀疑。他没有因此抓狂，实在值得景仰。他本来可以这么说："女士，您傻吗？这对你来说没什么了不起？！搞什么嘛，你难道没注意到，我没有……我的意思是谁也没有……碰那个指南针？有某种力量从桌子这头传到了那头，那块金属就动起来了，好像有女巫在旁边念咒！女人啊，这实在是令人震惊……"威廉·拉格斯通当英国财政大臣时向法拉第提出了类似的问题。这次法拉第的回答似乎更加刻薄："噢，先生，您很有可能马上就能对它收税了。"

我在回想这个故事时一直在想，法拉第在展示他的发现、与全世界共享的时候，有多么快乐。每一次，他都能从中体验到乐趣。我确信，达尔文也感受到了同样的、取得科学发现的快乐，但情况与法拉第不同，因为他的发现在宗教和哲学方面令许多人烦恼。进化的发现把我们引向了一种思考，对许多人来说是降低了我们在世间万物里的地位。达尔文本人曾与其发现的含义艰苦斗争，他那虔诚的妻子也是。法拉第对电学就没有这么复杂的感情，此前此后都很少有科学家像他那样，特别热衷于把理念与周围的人分享。他的讲座人满为患，令人激动，因为他讲起科学来带着丝毫不打折扣的热情，而且完全没有自吹自擂，也不会用晦涩难懂的术语。

进化科学也需要一个像迈克尔·法拉第这样的代言人。对我来说,了解我们在伟大的生命之链里的地位,绝不会令人难过。对我来说，科学发现是令人快乐的，我确信法拉第也会同意这一点。在学习进化的过程中，我们会找到关于暴龙化石、人类尾骨和普通感冒的隐秘解释。我们破解地球生命的秘密。它是科学，但它也是由人类精神驱动的一个过程。对我来说，再没有比这更刺激的事了。它让我想起法拉第的另一句名言："只要符合自然规律，一切美妙事物都是真实的。"

# 25　药物与你——医生办公室里的进化

我父亲和他的高中好友菲尔都是童子军的优秀成员，他俩都能在雨里生火，打出我们大多数人听都没听说过的绳结——在蒙住眼睛的情况下。当我还小的时候，菲尔的妻子得了皮肤癌，脸肿得厉害。菲尔所有的实用才能对于抗击这种疾病都毫无用处，医药所有的能力也一样。菲尔的妻子是一位非常虔诚的基督科学教信徒，她相信，如果人生了病，可以通过寻求神圣力量的帮助来消除苦难。她拒绝治疗，发生了癌转移，于是她去世了。这对所有人来说都是一件痛苦的事，菲尔的心都碎了，我父母也是。即使是在那时候，菲尔的妻子也可以通过手术切除肿瘤，有可能再活几十年。到如今，医生的能力之所及与菲尔的妻子愿意接受的事物两者之间的鸿沟更大了。医疗手段取得了重大进步，进化研究是其中的一个主要原因。

这是进化的一个重要方面，许多人并未认识到它。进化科学不仅仅与生命史有关，作为一类研究项目，它还能带来非常直接的、切实的利益，指导着现代医药研究。例如，我们发现癌症会进化，癌细胞能在病人体内发生突变，找到获取血液供应的新方法，并对抗癌药物产生抵抗力。我们可以利用源自其他动物的激素来治疗病人，譬如猪产生的胰岛素，因为我们了解人类与其他动物有着共同祖先。每年夏天，医学研究人员都要研制出新的疫苗，以应对秋季即将流行的、进化和突变后的感冒病毒。进化与医学之间的联系还有很多。

人类以某种形式从事医疗活动已有几千年历史。非洲土著会在人的颅骨上打洞，以减轻内部液压。北美原住民部族发明了几种缓解疼痛的药物。世界各地的人都发展出了护理和治愈骨折的技术。我们有着充足的脑力认识到与自己身体有关的因果关系，造成了这样的结果。不过，与人类历史上多数时候处理疾病和伤痛的方式相比，如今的医疗有着本质的不同。

其中区别在于，如今的医疗从业者可以根据我们对进化的理解来作出预测。随便哪个生物学家都能告诉你，我们这个星球上所有的生物都有数量惊人的共同点。我们都由细胞组成，几乎每个细胞里都有着建造我们每个个体的全套指令，也就是DNA。我们像世界上所有其他生物一样会繁殖，繁殖的时候，每一代都会发生微小的变化。正是以这种认识为基础，如今的药品和疫苗才成为可能。

近年来，医药的进化方面发生了令人惊讶的转折。医生认为，进化不仅从外部影响人体健康，也从内部产生影响。他们把每

个人都看作一个会走路、会进化的生态系统。我承认，你可能不觉得你自己是一个生态系统，至少现在还没觉得。

这颗行星上的大多数生物都由单独一个细胞组成，里面没有核。大多数地球生物都是微生物，对于这一点，你接受起来可能没什么困难。那么试试这个：就连你体内的大部分细胞也都是微生物，其数量与身体细胞数量的比例是 10 ： 1。这些微生物是活的，代谢着化学物质，产生废弃化学物质，彼此相互作用。它们总体上称为你的菌群，你就是它们的生态系统。这实在太离谱了。

我们出生的时候，体内还没有这些生物。婴儿没有菌群，消化道里没有复杂的生物活动体系。他们从父母那里得到菌群，所有的偎依、亲吻脸庞、哺乳都使无数细菌进入婴儿的身体，在这个新生人类的生涯中一直在那里生存和繁殖。我们消化道里的生态系统或说菌群与我们共存，我们依靠着它。我们吃下去的食物有很大一部分由这些细菌来分解，消化道菌群出问题的时候，我们就有麻烦了。

我感觉（而且这感觉不大好）这本书的每个读者一生中总有非常不舒服的时候。许多种类的细菌会产生有毒废弃物，我们的身体设置好了侦测和排出致病废弃物的系统。我们会呕吐——也就是排出，这通常是有效的，但不是总有效。细菌之所以存在，是因为它们有能力扩散开来，从人体内咳出的液体帮助了某些细菌的扩散。现在这看起来显而易见，但它是一个相当近的发现。就在 150 年前达尔文的时代，人们还不确信微生物能让人生病或死亡。生物学家在过去20年里才发现了菌群。人体内的细菌怎样使人保持健康、得到充足营养，他们至今还不是很清楚。人体菌群甚至可能是影响肥胖的一个重要因素。

有关免疫反应和细菌的科学发现改变了世界。弄清楚这些细菌如何产生,使人们能接受好的细菌、对抗坏的细菌。想一想，我们开发出了几十种抗菌药物，它们是一些分子，能分解或穿透微生物病原体的细胞壁和细胞膜。但细菌在不断繁殖，从而也在不断突变，进化出新的防御机制。通过最适者生存的筛选，如今环境中的许多细菌已经不像几年前那样能有效地用抗生素控制了。如果我们想要继续健康地生活，就必须寻找抗击细菌的新方法，这需要对细菌世界的运作有着深入了解。并不意外的是，这也与进化有关。下一章将详细讨论。

我们的行星上有着数量极为惊人的细菌。根据大多数合理估算，大约有 $10^{30}$ 个（1 后面跟 30 个零）。地球上细菌的数量，比可观测宇宙里星星的数量还要多。细菌跟其他所有生物一样，利用同样的化学物质作为养料，并且也竞争，疯狂地竞争。它们互相争斗，所用的武器不是长矛和石块，而是毒素。细菌会产生毒素以杀死其他细菌，或严重抵制它们。根据长久以来的造词传统，这些毒素称为细菌素（bacteriocin），它们能“切割”细菌。有一种专门针对大肠杆菌 E. Coli 的细菌素，称为 colicin。看明白了吗？切割 Coli 的东西。在生物学里，这样造词是一种流行做法。

一般地说，已知的抗生素是其他类型生物分泌的毒素或化

学抑制剂。例如，青霉素来自某种真菌，它与细菌颇为不同。青霉菌偶然产生一种化学物质组合，能破坏很多细菌的细胞壁，使得青霉菌能将它的菌丝（真菌的卷须）伸展出去而不遭到攻击，至少攻击不会成功。作为有别于细菌的生物，一种真菌可能携带一种抗生素——在这种情况下是破坏细胞壁的化学物质。但如果你是一个单细胞的细菌，在细胞膜和细胞壁内部产生一种化学物质，能撕开另一种关系密切的细菌那不设防的细胞膜和细胞壁，情况就复杂了。

经过数以十亿次计的繁殖，细菌发现了称为细菌素的化学物质，能用蛋白质攻击其他细菌，这些蛋白质拥有特定的形状，专门用于破坏一种或少数几种其他类型细菌的细胞壁。这些蛋白质不会攻击制造它们的细菌的细胞壁……那可不行。蛋白质是由生物产生的苦力分子，其化学属性部分取决于分子结构。不仅仅是一种蛋白质可能携带一个氮原子、后者有可能与一个氧原子结合，而且蛋白质能把原子以特定的方式组织起来，使它们只与其他能与它们相互作用的分子发生作用，这些蛋白质就像钥匙和锁一样彼此相配。

我得明确一下，所谓细菌不能这样这样所以会那样那样，并不是一种主动选择。细菌产生蛋白质，各种各样的蛋白质。它们是决定你的骨骼、皮肤和毛发等的形状和结构的分子。如果一种细菌偶然产生一种蛋白质能把自己的细胞壁撕开，好吧，它就会死掉。在数以百万年计的时间里，经历数以十亿次计的繁殖，产生了作为细菌素的蛋白质，它们能破坏或杀死其他细菌，虽然只是特定类型的细菌。

科学家自从发现了许多细菌拥有这种了不起的特性，就努力开发抗生素类型的药物，每种药物只攻击一种特定类型的细菌。比如说你因为某种讨厌的葡萄球菌感染而生病了，这种特定的葡萄球菌菌株已经存在了很长一段时间，它的祖先已经与人类生产的抗生素遭遇了几十年，你的身体正与之博斗的后代菌株拥有抗药性，或者说基本上不受我们的青霉素、红霉素等药物的影响，不会被破坏细胞壁。

你可能会开始溃败。细菌可能会开始制造如此之多的毒素，让你对付不了。但科学家会取得这种特定葡萄球菌菌株的样本，比方说从你的嘴里取。接下来他们会培养一种特定类型的细菌，恰好能够杀死感染你的这种葡萄球菌。疾病预防和控制中心（CDC）之类的机构可以接下来培养一组亲缘关系相近、能产生细菌素的细菌，或者把分离出来的细菌素蛋白质直接给你服用，可以像喝橙汁一样喝下去。不管是特定的抗葡萄球菌菌株产生的细菌素还是直接服用的细菌素，都能让你很快康复。

这条进化的进攻路线听起来很有吸引力，但只有具备识别出特定细菌和能够破坏其细胞壁的细菌素的能力，这种策略才有用。俄罗斯南部的研究人员为此已经工作了许多年，他们除了研究用细菌素对抗传染病，还研究对抗皮肤感染。研究人员通过识别出感染患者的特定细菌，努力找到能够产生合适细菌素的细菌，制造出足够多的细菌素蛋白质，来摧毁感染菌株。

让所有人都能享用这种技术，将是一个光明的未来。这将能挽救生命，而它源自人类对进化的理解，以及使人类走到今天的许多历史进程。最初的一批科学家里有 17 世纪的荷兰显微学家列文虎克，他发明了显微镜。然后其他科学家发现，人体免疫系可以通过训练或诱导，来对抗它面临的特定疾病。然后有科学家发现了一些化学物质或分子，它们能破坏特定细菌的细胞壁和细胞膜。再后来有人发现细菌会互相争斗，例如在你的消化道深处，通常有 3 种类型的大肠杆菌用各自的特定细菌素无休止地争斗。研究人员说“站在巨人的肩膀上”，就是这个意思。科学是一个不断积累的美妙过程。

在大约两百年时间里，人类利用其他动物来检验药物和医疗过程的效果。你可能听说过血液中的 Rh 因子，这个术语得名于猕猴（rhesus monkeys），人们正是在猕猴体内发现并研究了这种物质。眼影上市之前在兔子身上进行过实验，你可能对此感到不舒服，或者心存感激。你可能听说过人们让实验鼠摄入特定剂量的食品添加剂或者香烟烟雾，来检测其致病效果。你可能曾经用小白鼠来称呼率先尝试一种结果未知的疗法的人。

所有这些实验动物之所以能用来观察人类在相同处境中将会怎样，是出于一个简单的原因：在细胞水平上，人、猴、猪和鼠的构造或设计非常相似。我们绝大多数的生化机制相同，全都有 DNA，而且 DNA 差不多是一样的。相对于猕猴，我们大约有 93% 的相似度。对老鼠，总体上接近 90%。想想这些数字可能带来什么。如果你是一个细菌，也许有能力从一个物种身上迁移到另一个物种身上，这就是禽流感和猪流感等疾病让人类担忧的原因。或者换个说法，10% 的差异也许足够使关于感染的任何结论失效。不管怎样，人类研究者可以利用我们对变异和自然选择的理解，来确定从动物模型中观察到的现象有多少适用于我们。

每个发达国家的人都从在这些动物身上进行的医疗实验中直接受益。这是以进化为基础的另一项科学成就。

在很多方面，我们对于如何对抗疾病的了解还非常少，只要想想，关于细菌及其相互作用，还有多少是我们不知道的。在这个过程的每一步中，我们都运用了科学方法：观察，假设，预测，实验，将预期结果与实际情况进行比较。科学方式的这种严谨形式——在控制非常严格的条件下进行非常严格的实验——实际上就是医学的架构。例如，为了观察和区分细菌的影响，必须非常仔细地观察，因为如果不仔细地将它们分离出来、用显微镜努力观察，就根本看不到它们。进化理论从医学中受益，医学也从进化理论中受益。

在回顾这项特别的人类探索时，我惊讶于这些科学家在分离天花、狂犬、腮腺炎、麻疹、百日咳和风疹病原体时是多么细致。也许可以说，我们能活到现在是出于幸运。但这并不是幸运，而是一种战略，是科学。你之所以能活着，是因为全世界范围内、好几百年里，有许多人共同努力着，试图理解自然世界到底怎样运作。

# 26 抗生素耐药性——进化反击战

你每年都打流感疫苗吗？应该打，因为流感病毒就在你那容易感染的鼻子底下发生，你需要跟上它的脚步。病毒通过感染活细胞、诱导细胞制造病毒的副本来生存，这些副本涌出来，遇到附近的细胞，导致更多的感染，造出更多的病毒副本。如果你觉得这听起来像战争，就相当接近真相了。1918—1919 年冬天，西班牙流感杀死了 5000 万人，超过了当时刚刚结束的第一次世界大战里所有战斗杀死的人数。记住，没有证据表明病毒心怀恶意。它们只是循着自己的进化路线，遇到生存优势时就增殖。令人惊骇的是，无意识、无休止的自然选择驱动压倒了我们的最佳防御措施，使得一度被征服的疾病重新变得危险。

人类带着自己的防御体系进入这场战斗，这种防御体系也由进化塑造，它就是免疫系统。这是一套由多种化学物质和作用过程组成的复杂体系，身体用它来对抗病毒、细菌和多细胞病原体带来的疾病。免疫系统从经验中学习，在每次感染发生时发展出相应的防御机制。那么，容我提问：如果免疫系统以正常的步调或性能水准运作，我们难道不应该已经战胜了身体所遭遇的所有传染物吗？我们难道不应该已经击败了自然界里所有的病菌和寄生虫吗？我很确信你知道，我们并没有做到。自然界不是那样运作的，这是进化让人最不愉快的后果之一。

一生之中，你无疑感染过感冒、流感、肠胃病毒，导致食物中毒的细菌，还有只有天知道是什么的其他种种东西。然而，不管是你还是别的什么人都没能战胜所有这些威胁。你还可能有着勤洗手以免再次染病的好习惯，你本能地知道世上还有许多你的免疫系统未曾见识过的病菌，在今后的人生中一直会有。

那么，我们来提出下一个逻辑问题：这些从前未曾遭遇过的新病菌从哪里来？并没有那么一座位于秘密地点的生物战争工厂，在设计生产着新的病菌并投放到世界上。相反，病菌工厂的数量跟人一样多，我们每个人都是一个孵化器，生产着病菌的新菌株或品系。

由于病菌完全没有神经或大脑，它们并非生性卑鄙或低劣，只是它们自己而已。自35亿年前地球上开始有细菌以来，必定有些分子配置能给细菌带来麻烦。像地球上所有生物一样，病毒有着长链分子，携带着遗传信息，使病毒能迫使或诱导细菌细胞产生更多相同的病毒。细菌与它们的病毒敌人——噬菌体（攻击病毒的细菌）由同样的分子组成,在分子水平上如此相似,合乎情理的推断是，它们大约是同时产生的，因此我把病毒也

算作生命的一个界。自地球冷却到足以使表面存在液态水以来，所有生物都为相同的化学资源相互竞争着。

噬菌体令人着迷的一个方面是它们的特异程度之高，只有特定的噬菌体会攻击特定的细菌。正如我前面所说，对此的合理解释是，它们是差不多同时诞生的。关键在于数量，就像电视广告里汽车经销商经常说的那样。通过产生大量的细菌和大量的噬菌体，它们彼此相遇的机会就足够多，足以支撑整个生态系统。你的菌群内部正在发生这样的事情。

让我们回顾历史，看看人类是怎么来的。原初海洋中的细菌无疑时时刻刻都遭受着噬菌体、病毒等的袭击，双方的数量都以十亿计。关键在于，分子产生副本时会出现错误或不完善之处。如果一个病毒得以感染数以千计的细胞，每个细胞都制造出数以千计的病毒，在此过程中，细菌的核糖核酸（RNA，是 DNA 的一种相关物质）在复制时会出现一些突变。将这一点扩展到未来，有着数以万计的人被感染，每个人都会产生数以百万计的病毒。迟早都会出现一种变异，能够感染或重新感染大多数人。

我们是不是该接受这样的现实：人终其一生将持续被奇怪的新品种病毒、细菌和寄生虫感染，并且对此无能为力？唔，我们会采取措施避免感染，就像采取措施避免被自己砍倒的树砸伤，或者避免在过马路时被撞到。我们洗手、避免与病人接触，至少是尽量避免。我记得很清楚，有几年的夏天我被关在屋子里，以免暴露于可导致虚弱的脊髓灰质炎病毒。因此，在一个科学昌明的社会里，我们采取措施来在体内和体外创造免疫反应，是合乎情理的。之所以能做到，是因为我们理解了进化。

随着病毒不断的变异，研制流感疫苗就像是对着移动的目标打靶。每年冬天流感季节开始的时候，流行的病毒都会与前一个季节略有不同，这就是为何美国疾病控制中心要与美国食品和药物管理局、世界卫生组织合作，预测下一季度制造麻烦的流感病毒会是什么样。通常的手段是在南半球的冬季提取那里感染人的流感病毒样本，据此准备疫苗。这是一个人人都觉得理所当然的、以进化为动力的卫生体系。

病理学家（研究流感等传染病的科学家）制备疫苗的方法，要么是用经过化学试剂弱化过（减活）的病毒，要么是用已经死亡或完全没有活性、但结构依然完好的病毒。后者仍有着正确的蛋白质构造，使你的身体可以识别，从而激发免疫反应，但它本身并没有能力导致感染。

免疫系统运作的第一阶段是识别来袭的病毒、细菌或病原体，这些东西在人体内不受欢迎，因为它们能控制或劫持我们的细胞，制造出更多的病毒或细菌。（与此同时，免疫系统还需要放过有益的微生物以及机体本身的细胞。）一旦身体里有了不受欢迎的闯入者——某种能导致感染的东西，免疫系统就可以运送出抗体蛋白质，把病毒包裹起来、撬开它。为了做到这一点，抗体必须与入侵者外表面的蛋白质模式合拍。如果你的免疫系统和抗体分子不能识别感染性的病原体，免疫系统就不会做出反应，至少不会马上做出反应。这使得病毒、细菌或多细胞寄

生虫占据巨大的先机，能让你病得很严重。

感染性生物之所以依然存在，是因为它们一直在变化，繁殖的过程中一直在变异，获得免疫系统无法识别的化学特性。它们一直在进化，方式与我们根据进化理论预测的完全一致。病菌和寄生虫以地质尺度上极快的速度进化，或说相对于地球生命存在的时间以极快的速度进化。这是它们的主场。我们人类，作为它们缓慢进化着的受害者，必须把这变成自己的主场。

细菌从环境中汲取化学物质，进行新陈代谢。在消耗了合适数量的合适物质之后，细菌就有了足够的化学能可供繁殖。它们通过一分为二来繁殖，从生物化学方面讲会有点复杂，但理念就是这样。我们称其为二分裂——分成两个。这对细菌来说挺不错，但它们繁殖并代谢周围环境中的化学物质时，有些细菌会产生可恶的毒素，使我们生病。

在原初年代的某个时候，某种细菌偶然获得了一种方法，能生产出使我们的某位祖先患病的毒素。对这种细菌来说，这是一个伟大的日子，因为它们找到了一种传播自身的有效手段。我们祖先的鼻子里可能有很多毒素，导致她打喷嚏，把活细菌与她的唾液和痰喷到部族里的其他人身上。她也可能只是呼出空气，气流里有着带菌的水滴。或者，呃，细菌毒素可能导致腹泻，这位祖先的身体在排出毒素时，也传播着细菌。一旦某种或某类细菌获得这种机制，就很难阻止它们，但人类科学家发明了几种非常有效的技术。

细菌有细胞壁，将它们与外界环境隔离开来。细胞壁内部有细胞膜，使细胞内部各个有组织的子系统或说细胞器彼此分离。人们找到了一种方法，可以使那些维持细胞壁形状的蛋白质裂解或撕开。这样细菌就会把内部的东西全吐出来：它崩溃了，停止新陈代谢，不再产生毒素。

病理学家制造出来、化学工程师在油桶大小的“反应堆”里大量生产的分子，就是我们通常所说的抗生素，其中最有名的也许是青霉素。你可能听说过亚历山大・弗莱明的故事，这位苏格兰生物学家在20世纪20年代注意到青霉菌能杀死导致葡萄球菌感染的金黄色葡萄球菌。你肯定听说过他从这些霉菌里分离出来的杀菌物质青霉素。弗莱明认识到，如果这种真菌能够分离出来并大量生产，对于抵御细菌感染将非常有效。青霉素结束了许多悲剧，挽救了无数的生命。

青霉素除了带来上述的重大益处，还促使人们开发出几十种其他了不起的抗生素药物：红霉素、多粘菌素、替加环素，还有其他许多。这些药物有的使细菌不能分裂或繁殖，其他的直接杀死细菌。不管是哪一种方法，抗生素改变了世界，彻底改变了现代医学的预期。我们最危险的敌人——细菌和寄生虫全都突然变得容易杀死、容易打败。

但进化过程使许多这类药物效力大减，甚至变得无用。因为比起它们攻击和利用的对象，细菌的繁殖速度特别快，也变异得非常快，只需几年就能随机创造或获取导致抗药性的基因。结果就是，大量曾经高度可控的细菌，如今最好情况是令人烦恼，最坏情况是致命。进化使它们有能力反扑，这对我们来说非常

不妙。

如今的医疗专业人士认识到了这个问题的严重性，对公众发出警告说，滥用抗生素会导致抗生素失效。我们用的这类药物越多，传染性细菌与它们接触的机会越多，细菌越可能产生有能力保护自己免受药物作用的后代品系。

我参与了一些活动，鼓励人们特别是焦虑的父母们不要滥用美妙的科学产品。你可能是那些有孩子生病的家长中的一员，或者认识这样的家长，他们带孩子去看医生，态度特别激烈，或焦急、或可怜，结果医生给开了抗生素，用于治疗患者免疫系统最终将自行克服的某种疾病。

而且，由于病毒与细菌在化学机制上完全不同，病毒不受抗生素影响。想要抗生素发挥作用，你感染的必须是细菌。（如果得了流感，不要让医生给你开抗生素，它们除了培育出更危险的细菌之外毫无用处。）病毒没有可供攻破的细胞壁，它们必须用特定的抗体对付，这些抗体专门用于找到它们，并且是迅速找到。这就是为什么医学界在支持一些宣传活动，鼓励消费者和卫生服务人员“什么病菌用什么药”。

把处方中开的抗生素吃完，也是很重要的。也就是说，如果医生给你开了两个星期剂量的抗生素，一定要按计划吃到最后，就算你几天之后就感觉病好了也要继续吃；否则，有可能你体内的细菌没有全部被消灭，仍然存活的那些可能会趋向于对这种抗生素产生耐药性。它们可能不会完全免受该抗生素影响，但部分耐药性会传递给后代病菌，在你传染了其他倒霉的受害者、使他们很快就会发病之后，这些后代病菌将对该抗生素有耐药性。你会助纣为虐。

所有这些都由同样的进化过程产生，就是那个造就了当今世界上的所有生物和生态系统的过程。那就是自然选择下的变异，只不过刚好发生在细菌内部。这是提高公众科学素养的又一个关键原因：进化是一个生死攸关的问题。

# 27 无法抗拒的利他主义冲动

我承认，前面两章实在压抑，而且让人觉得进化在与我们为敌。如大家所知，进化并不受什么思想或计划的指引，它只是发生着。进化到底是宽厚仁慈还是心怀恶意，我们对此的感受完全取决于是否认为自己居于万物之长。换个角度考虑，这是一个非常进化地看待世界的角度。所以，请把我下面要说的话当作纯粹的主观意见来看待，不过我觉得这一章会快乐得多。它要谈的是一个对我们全体有好处的话题：利他主义，那种让我们互相照顾的本能。

从我童年的一个例子开始讲。跟父亲一样，我是一名优秀的童子军成员，当时很擅长对付木头，直到现在也是。我能劈开木材，生火，收集树根，把树枝捆扎起来，搭棚子，在陌生的地方找到走出森林的路。除了这些探险活动，童子军还有一部分活动是帮助社区，你得每天做一件好事，每天帮助别人，哪怕只花几秒钟。我有一条座右铭挂在 billnye.com 网站上："要把世界变得更好，有时你得拣起别人的垃圾。"我觉得我的利他主义冲动来自我的父母，他们竭尽所能去把世界变得更好。（我觉得你也许需要原谅他俩把我生下来这件事。我妈妈总是说，爸爸曾经是了不起的舞蹈家。我觉得有些事情是有关联的。）

初入职场时，我在西雅图的太平洋科学中心当志愿者，周末去帮忙搬箱子，还不时地充当"科学讲解员"。能够帮助别人，让当时的小伙子感觉良好。在那里学到的讲解技巧使我获得了全职工作，并最终促使我写下这本书。此外，我还是"我有一个梦想"计划的教员。这两项早期工作都是利他主义的例证，为别人的利益花费精力。我觉得自己把工作干得很好，但也一直觉得，我的收获比科学中心的游客和星期六上午的学生取得的收获更多。这种体验还有好多次，比如在讲课或者做一个特别好的科学演示实验的时候。我声明，我能在自己和他人的内心都感受到这一点——这种类型的利他主义是编码在我们身体内部的。

宗教经常宣扬帮助他人有多么重要。有无数非营利组织推行着这样的理念：为邻居的利益服务，或者为那些不如我们幸运的人服务。如果你曾当过志愿者，或曾为他人服务，这一定让你感觉良好。大多数人会从帮助他人的行为中得到满足，大多数人相信自己在做好事时都会感觉良好。跟你和我一样，进化生物学家也把这种做好事的现象称为"利他主义"，虽然他们的定义更严格。这个词源自拉丁语的"为他人"，利他主义的起源和特性是当今进化科学研究最热门的领域之一。

在传统语境中,利他主义指无私的品性,帮助别人不求回报。在进化生物学上，这个概念是用一个方程定义的：某个个体提供或给予一种服务，而自身从中所获利益很少或者没有。具体一点说就是，成本比收益要高。这个关系可以这样简单地表达：

$$b<c$$

（给予者所获收益小于给予者付出的成本）

帮助别人总是有成本的，不管是用时间、精力还是遭到攻击的风险来衡量。接受者获得收益，譬如食物、分担搬运重物的负担或者捕食者正在逼近的警报，而给予者得不到收益，至少没有立竿见影的明显收益。这种倾向在许多动物身上都存在，包括我们自己。对此感兴趣的科学家研究了各式各样的有意思的利他主义，很多这类研究都围绕着利他主义的基本问题：在生存斗争中，为什么个体会愿意付出高于收益的成本？

如今的宗教往往断言，信仰某种高层次的力量或者信念，是利他主义的根源。也就是说，如果没有一套宗教教义的特定信仰或教诲，世上就不会有人做好事了。至少许多有组织的基督教信仰让我这么觉得。但我的观点以及许多进化科学家的观点是：利他主义在自然界中广泛存在。仅举两例，利他主义在吸血蝙蝠和白蚁等动物身上就有表现，不管它们是否接触宗教。

吸血蝙蝠夜间飞出去，寻找牛群，咬牛的脖子，吸取鲜血，血中富含哺乳动物所需的营养。然后它们飞回巢穴，通过一系列信号确认群体里是否有哪些成员这天晚上觅食不太成功、飞来飞去总找不到可以吸血的脖子。在这种情况下，找到了食物的蝙蝠会把吞下的血液吐出一些来，好让饥饿的蝙蝠吃一顿。这听起来像吸血鬼故事一样惊悚，但它有据可查，吸血蝙蝠世界的规则就是这样的。但真正奇怪的是其中的利他主义成分，这些为什么蝙蝠要这样做？

从最适者生存的切入点来看，你可能把自己假想成一只吃得饱饱的吸血蝙蝠，发表评论说（或者只是想想）："为什么我要帮助这只蝙蝠？它飞得那么差，不好好听自己的超声波回波，光顾着听摇滚乐。没吃饭？滚回又破又黑的洞里去吧！"换句话说："干嘛不让它今晚挨饿？这可以让它得到教训，学着怎么飞行和回波定位。"有价值的教训是，蝙蝠不是这样的。如果一只蝙蝠没有得到足够的食物，同伴们会帮助它。人人都知道，这些利他主义的蝙蝠从来不上周六学校或主日学校，利他主义扎根于它们的血液中（这里我是故意双关）。研究表明，这种冲动广泛存在。

假定利他主义行为是所有哺乳动物固有的，进一步说，假定所有哺乳动物都有共同祖先，就足以解释这一点。很久很久以前，也许是6600万年前恐龙的末日到来时，蝙蝠和人类有某种共同祖先，其群体有帮助伙伴的倾向。那么，这样就结束了吗？如果我们找到了这位祖先，能不能对利他主义的进化起源进行一番进化分析？

也许不能。因为利他主义的起源很可能比这早得多。我曾经去过一个很棒的地方，叫作恐龙国家纪念碑，位于犹他州和

科罗拉多州的交界处，正式地名为科罗拉多州恐龙镇。有一种说法是："你会想一直在这里待下去的……恐龙们就永远待下来了！"这里到底有多大吸引力？

大约 1.5 亿年前，这里显然有过一条河，在一场大雨中发生了洪水。数以百计的动物被冲往下游，就像人类建造的房子被洪水冲垮那样。这些动物要么淹死了，要么被挤死了，导致后者的情形也许可以称为骨骼堵塞，就像原木堵塞[1]一样，但要命得多。

如果你从来没去过这个地方，实在应该去一次，亲眼看看。伍德罗·威尔逊总统在 1915 年特意关照，把这片地方单独划出来作为国家纪念地。如今这里有很多顶棚，覆盖着主要的骨骼堵塞区域，称为卡耐基恐龙采石场。但如果你四处走走，稍微注意一下，就能发现大量的其他远古恐龙化石，对那场洪水的规模有个概念。考虑到所有这些哺乳动物当初必定都生活在上游同一片区域，你会忍不住好奇，它们是怎么生活的。是过着流浪的日子，不存在跟家族或故土的联系？还是像我们一样，有着部族关系，以及它们自己的利他主义冲动？它们是否有着远古恐龙的仪式，譬如游行、生日聚会和晨间礼拜？

我还去过蒙大拿，参观了几个恐龙化石点。科学家在那里找到了许多恐龙蛋巢，虽然颇不容易。有些最出色的样本埋在火山灰里，火山灰来自如今黄石公园下面的那座超级火山。这

[1] 伐木业经常让原木沿河漂向下游，漂流的原木有时会阻塞水道，称为原木堵塞，引申意义为僵局。——译注

些蛋巢属于一种嘴像鸭子的恐龙，称之为慈母龙。你不需要多了解恐龙就能看出，它们像鸟类一样群栖生活。慈母龙蛋巢里蛋的排列方式显示，这些动物照料幼仔的周到程度至少达到了与现代鸟类相当的水平。观察一下现代鸟类，可以发现它们有着利他主义的倾向。有些物种（最著名的是杜鹃）会在其他鸟类的巢里产卵，后者将外来的雏鸟视如己出，显然只是因为这是应该做的事。这个策略能利用其他鸟类的利他主义（或者只是利用它们的鸟脑袋），着实令人惊诧。

恐龙与鸟类之间的联系非常深入。严格地说，所有的现代鸟类在分类上都属于恐龙；具体说来，爬行类进化出了恐龙类，恐龙类包含兽脚类，兽脚类包含鸟翼类，即现代鸟类。矛盾的是，我们的鸟类源自分类属于“蜥臀”的那些恐龙，而不是“鸟臀”的那些。现代鸟类有着母性本能，远古恐龙——用进化的术语来说是非鸟恐龙类——可能也有。（对这些曾经凶猛强大的野兽来说，“非鸟”实在是一个很烂的名字。你觉得卖汽车的会向你推销一辆“非轿车”的卡车么？唉……）

母亲照料幼仔与利他主义不是一回事，但我们有多少人曾经受到过好朋友的妈妈的热情招待啊，只因为我们是小孩子，需要零食、顺风车或者在保龄球场玩上几小时。人类母亲这样做，是出于母性本能还是人类的利他主义？ 如果允许利他主义的定义把母爱行为包括进去，那它就成了一种更加广泛而且古老的进化冲动。许多看起来远不如我们思虑深远的物种也会有父爱行为。我曾在加里波第的小热带鱼附近潜水，如果接近一窝鱼卵，

雄鱼就会冲出来干扰你，直到你离开。我读到过潜水员被快乐可爱的小加里波第鱼咬到的记录。仅仅根据这条经验，我就认为鱼至少有一种父爱本能。

有许多证据表明，有些鱼会互相帮助，虽然只是以特定的、有限的形式，譬如长着一双大眼睛的金鳞鱼以及珊瑚礁里的隆头鱼。金鳞鱼会游到隆头鱼所在的水域，让它们吃掉自己鳞片上的微小寄生虫。金鳞鱼甚至会让隆头鱼进到自己的嘴里去清理寄生虫，这时它满可以把隆头鱼吃掉，但它并不会这样做。两个物种有一种共生或互利关系。但是，等等……等一下……还有呢。

这两种鱼明显能辨认出对方的个体。一条特定的金鳞鱼会去找一条特定的隆头鱼，它们以鱼的方式彼此认识，互相帮助，不再去找另一条做清洁的隆头鱼，或者另一条大个头的金鳞鱼。它们互相保证对方的就业。不过其中利他主义的部分在于，金鳞鱼会把捕猎隆头鱼的捕食者赶走。它满可以让隆头鱼死在那又大又坏的捕食者嘴上，但事实与此相反，它会冒着生命危险站在隆头鱼一边。这是一种非常有意思的安排。

不过利他主义也有着阴暗面：它需要不时地强化，还可能有惩罚成分。你有没有为了让自己感觉良好而干过刻薄小气的事？有没有想要报复某人？乡村音乐歌手凯莉·安德伍德的歌曲《他出轨之前》大获成功。在这首歌里，女主角庆祝自己弄坏了前男友的四轮驱动卡车，描述自己怎么砸掉车子的头灯，划坏座椅，砍破轮胎。她唱这首歌的时候，人们兴奋得不得了，我亲眼看见过。

你是否注意过，实施报复可能需要很多时间、精力和能量？有人对你搞了一个恶作剧，比如冒充某家大型电视公司打来电话，告诉你说他们不想再拍《科学人比尔·奈尔》这个节目了，这让你非常伤心，接下来这个星期都很沮丧（当然这个例子是虚构的，我只是举个例子！）。然后你发现这人只是你见过的一位电台 DJ，他假装成了电视公司老总而已，这时你会不会想用各式各样的手段让这家伙的人生充满悲剧（当然，这些都跟我一丁点关系也没有），就算花很多时间也在所不惜？比方说伪造停车罚单、为虚构的法律公司设置虚构的电话号码、给他寄去几千美元的账单。如果你这样做了，就是在帮助我们的社会保持平衡，这用进化的数学模型可以预测。

其中的理念在于，寻求报复会让你付出代价，你要花时间，而且砸车灯、划座椅都有一点危险，伪造罚单、设置虚假电话号码或者寄假账单则要花时间和金钱，但你还是这么干了，因为让那个人感觉不好，你就会感觉良好。这被称为利他主义惩罚，它是进化的利他主义的另一面。报复有着进化上的目的：它让每个人都保持诚实，因而我们无法抗拒寻求报复。对于部族来说，这是最符合进化利益的，对那些破坏了通行规则的人进行报复。惩罚是利他主义的。

关于利他主义惩罚的价值和效果，研究人员做了许多实验，有些经典实验会让参与者在群体游戏里从他人那里获取金钱或分数。在实验中，人们从来不会独享所有的资源，显然是怕如

果自己这样做的话，迟早会被其他玩家报复回来。每次都是这样。我们有内在动力对我们认为做错了事的人实施报复或惩罚，即使这会花费我们自己的金钱、时间和能量，即使这对我们自己没有明显的益处。

这是另一个例证，显示了进化不仅影响我们如何看待世界，也影响着我们的感受。利他主义温和的那一面使我们人类部族的成员直接获得帮助，而刻薄的那一面（即利他主义惩罚）使我们都受到约束。我们在力所能及的时候会互相帮助，这通常让我们感觉良好。当需要表现得刻薄时，我们就会刻薄，这也会让我们感觉良好，至少会感觉好一点，而且更重要的是，这能让整个利他主义体系顺畅地运行。

这类实验的重大局限在于，它们只是实验，通常只是真实世界的简单模拟，可能会遗漏一些影响重大的微妙差别。水下实验的局限在于实验对象是鱼，很难通过提问来搞清楚它们的动机到底是什么，虽然它们的嘴总是在动啊动，但从来不说话，写的字又没法认。

因此，生物学家转向了博弈，更准确地说，他们转向了博弈论。这是一个思想体系，用于分析特定情形下的行为成本和收益。博弈使进化感觉的理念变成了某种具体的、可量化的东西。这就是我们接下来要谈的话题。

# 28 物种的博弈

我哥哥达比非常会打牌，总是赢我。事实上他能赢很多人，有老话所说的"牌感"。他根本不需要数牌，凭直觉就知道已经出了多少张花牌，牌堆里还有多少个 A，他要的牌在我手里的可能性有多大、在其他人手里的可能性有多大。我哥哥也许该做个进化生物学家，因为博弈对于理解自然选择非常重要，特别是理解我们刚刚探讨过的利他主义冲动。

最有名的进化博弈是囚徒困境，由专门研究博弈论的数学家阿尔伯特·塔克于 1950 年正式提出。这个博弈是这样的：两个犯罪的同伙被逮捕了，各自受到当局的讯问。在假设情景的约束条件下，每个人都可以告诉警察说犯罪行为是另外那个人（同伙）干的，也可以承认是自己干的。可能的结果是：

第一个否认自己参与犯罪的坏蛋无罪释放，第二个承担所有罪责；

两人都否认自己参与犯罪，都被关进监狱；

两人都承认自己参与犯罪，各承担一半的惩罚。

实验参与者被置于一系列模拟上述情景的环境中。人们编制计算机程序进行模拟，专攻博弈论的数学家分析了场景发展下去的情况。每个囚徒都必须在否认和认罪之间选择，一旦第二个囚徒作出选择，博弈的结果就确定了：在第一人否认之后认罪，在第一人认罪之后否认，等等。在许多版本的此类博弈里，囚徒在进行选择时并不知道同伙已经作出了什么选择。

在简化的囚徒困境里，乍看上去对每个囚徒来说最好的结果都是直接否认，否认，否认。但实际上情况会朝着别的方向发展。如果另一个人否认了，第一个人认罪。如果另一个人认罪了，第一个人也认罪。为什么要在另一方已经认罪的情况下认罪？假想的囚徒是不会这样做的，他只关心自己的利益。事实表明，人类在某种程度上倾向于合作。他们在某种程度上偏向利他主义，有点像我在上一章讲到的金鳞鱼和隆头鱼。博弈论只是一种方法，用来探寻进化怎样把利他主义本能根植于我们所有人心中。

要想深入探究这些本能，请试着想想你自己在几种更有现实色彩的博弈思想实验中会作何反应。以下情景与囚徒困境有很大区别，因为涉及危险和拯救，但它与囚徒困境一样显示了我们在作出决策时进化导致的天生利他主义倾向起到了多么大的影响。

假设你的房子着火了，你跟自己的孩子和母亲在屋里。在这个可怕的情形下，你只能救一个人，要么救你的孩子，要么救你的母亲（猫和狗就靠它们自己了），结果是每个人都会选择救自己的孩子。现在假设那是你的母亲和你兄弟的孩子，结果还是每个人都选择救孩子。再假设是你的母亲和一个陌生人的孩子，结果人们还是倾向于救孩子。显然，我们倾向于更加重视一个能够长大、未来能生出他自己的孩子的小孩。这种让物种存续的冲动往往会压倒照顾亲族的冲动。

这个思想实验探究了我们内心深处拯救家族成员的动力有何特点和局限。在进化生物学上，这种动力称为亲族选择。我们努力工作以保全与我们有亲缘关系的同类成员，或像上述情形那样拯救他们，亲缘关系的远近影响到动力的强度。科学家对此的表达是——请容许我写一个简单的数学公式：

$$b>c/r$$

**（收益大于成本除以亲缘关系的商）**

这里的秘诀在于，亲缘关系是一个分数，以你与对方之间的遗传相似度衡量，这个分数称为 r 值。你与自己的儿子或女儿的 r 值是 1/2，因为他或她的基因有一半来自于你；孙辈与你的 r 值是 1/4；依此类推。因此，对于给定程度的付出，也就是说给定的成本，你与对方关系越近，你感受到的回报就越多。人们在自然界中观察和记录到了这种现象，但情况不止于此。

在长尾猴群体里，姐妹、姨母和其他雌性会互相帮助照料幼仔，谁会不喜爱和尊敬它们呢？红松鼠会收养父母双双失踪的幼松鼠，谁会不更加喜爱它们呢？亲缘选择从进化上理解起

来非常容易、合情合理，至少对我们人类来说是如此。然而，当事涉着火的房子时，这个方程不能反映全部内容。右边的分数永远不会为零：你，一个人类，总是会倾向于救小孩，即使他完全与你没有血缘关系。

可以想象，愿意养育亲戚后代的家庭和扩展家庭（即部落或群体）会比那些不好好养育亲戚后代的家庭表现得更好，拥有更多健康的后代，后者会繁殖出更多后代——儿女和孙辈。连有些虾群都会群策群力地保护幼仔。

蜜蜂会这样做，蚂蚁和白蚁也会。在这些由大量个体组成的群体里，绝大部分个体是不生育的，它们是同一位蜂后 / 蚁后及几位雄性的后代。生物学家推断，由于它们与蜂后相同的基因太多，因而受到深植于 DNA 中的动力驱使，去尽可能地保障群体的延续。你可能读到过相关记录，或看到过视频，描述蚂蚁在森林里一往无前地行进。你可能遭遇过可怕的蜂群，每一只都会叮你，把你赶走。它们为了大局利益而牺牲自己。除了生物之间的亲缘关系，还有什么能解释这些行为的动力从何而来？这是亲缘驱动的自然选择，进化生物学家称之为亲缘选择。

生物学家经常会谈到博弈论和亲缘选择在人群中的表现。我知道，身为叔叔，我理当近乎竭尽所能地保护我的侄儿侄女的生命和健康，对他们的后代——我的侄孙子侄孙女们更加要这样。这是一种疯狂的感觉。我知道这种感觉存在，并且无法消除，它深植于我和我们所有人心中，我觉得这也不是什么坏事。

狮群里也存在同样的亲族长辈慈爱现象，叔叔们通常会成为第二等级的雄性，处于从属地位但非常乐于提供帮助。虽然它们不是幼狮的生父，但也在基因上有很多投入。这就是生命。

情况还不止于此。随着思想实验扩展到人类家庭，我们的亲缘选择会扩展到把全人类包括进去，就像有的人会想象拯救陌生人的小孩而不是自己的母亲，尽管这个小孩跟自己的 r 值非常低。在某种程度上，全人类互相都是亲戚。那位不幸的母亲不会再生育，但那个小孩有可能会生育后代。我们对物种存续有着终极的忠诚。

这不仅仅是假设情形。在我写下这段话的时候，得克萨斯州休斯敦不久前刚发生了一起非常引人注目的火灾，一位消防员冒着生命危险将消防车的云梯伸到正燃烧大火的公寓楼前。这幢建筑物尚未完工，火借风势吞没了木制的房架，就像热刀子切过黄油。消防员把云梯开到建筑物旁边，好让一名建筑工人从燃烧的房子跳到云梯上。片刻之后，整幢建筑在烈火中垮塌，离这两个人只差 2 毫米。录像拍到了整个过程。

整个北美的观众都看着这两个并无亲戚关系的人，其中一人冒着生命危险去拯救一个陌生人。我们为他们的勇敢欢呼，尤其为消防员的无私而欢呼。新闻主持人猜测他们是会坐下来一起喝一杯还是径自分道扬镳。没有任何观众会怀疑车上的消防员和他的队友们所做的事是否正确。当然是正确的。我们会拯救他人的生命，不管是不是有亲戚关系。沿着这个思路深入想一下就能想到，那些不愿意拯救他人生命的人通常是不受欢迎的。我们可以假定，他们找到丈夫或妻子的可能性会比较低，更不太可能生育后代，把他们那卑劣的基因流传下去。

利他主义不是道德理想或宗教理想，不管有些人怎么说。它是我们这个物种的关键组成部分，是生物学的组成部分。

# 29 代价高昂的信号

健身界有一句老话，在那些努力举铁的男人们中间流传："练好膀子，就有妹子。"向不熟悉这句历史悠久的箴言的读者解释一下，它的意思是做二头弯举[1]强化男性的双臂，以吸引女性。专业教练杰西·拉法尔斯基指导他的客户应该以何种配重练习，每种配重练多少次。他可能是好莱坞最好的教练，其金玉良言是"不管别人怎么说，女人都爱肌肉男"。我妹妹苏珊在学这些东西，向我保证说这是绝对真实的。看起来，达尔文的性选择理念还活着，在北美各地的健身房里活得挺好。

这一点都不让人意外，真的。我们这个物种就是这样，跟其他有性生殖的生物一个样。男人努力吸引看起来生育力旺盛的女人，这可能是人类女性的乳房总是饱满的原因——与几乎所有其他哺乳动物都不同。女人则寻求在她们看来适合养育孩

[1] 通过举哑铃或杠铃来锻炼肱二头肌。——译注

子的男人，他必须是一个好的供养者和保护者，值得女性信赖。就是说，遇到他时，快速评估一下，先审视他的胳膊。

对健美的这种兴趣，也许是我们的祖先在非洲稀树草原上度过的早年岁月遗留下来的。生活在城市里（当今世界超过一半人口住在城市里）的现代人基本上没有什么举起重物的机会，他无须面对狮子、老虎和熊之类的威胁去保护自己的家、洞穴或配偶。相反，在与其他男性争夺女性的竞争中，他必须足够聪明和勤勉。二头弯举通常不再是一位好的保护者必需的关键特质，更不是一位好的供养者必需的关键特质，但肱二头肌在某种意义上还是很重要。如今的男人百般努力也许不是为了向女性发出信号，而是向其他男性发出信号，这些信号需要花费时间、精力、能量和资源。如果你曾在健身房观察过男性，就会知道有些人着实为之付出了很多资源。

动物表现得强壮，可以向敌人和同物种的成员发出信号："我很有优势。我值得尊敬。别惹我！"当然这有点演绎了。重点在于，发出信号是要付出代价的。做二头弯举要花时间，穿高跟鞋需要资源和练习。在一名人类科学家看来，更客观的说法也许是，对跳羚来说，pronk 需要能量和运动技能。pronk 是南非语言中的一个动词，意思是"垂直跳跃"，是小型非洲羚羊常见的动作，也是动物而非人类使用信号策略的上好例证。

在非洲大草原上，可以观察到发生在捕食者和猎物之间的一种戏剧性冲突。狮子和豹子之类的大型猫科动物捕猎游荡的斑马和跳羚等动物（跳羚也是一支南非板球队的名字）。有时候，跳羚感觉有一只可怕的大猫在接近，就会直直地跳起来，跳得非常高。这需要能量，可能会让跳羚精疲力竭。

一只可能需要将全部能量和注意力集中于从狮口逃生的动物，为什么要为上下蹦跳花费能量或时间？显然是为了向附近的捕食者发出信号，表示这只跳羚体格强健，随时会逃跑。如果你是一只大猫，就必须在袭击计划和战术里把这一点考虑在内。要记住，大猫的绝大多数袭击是失败的。大多数时候，大猫在跟踪追捕猎物时，都被对方逃脱或用策略击败。对双方来说，这都是个生死攸关的问题。跳羚浪费不起能量，大猫一样浪费不起。在战斗逼近的情况下无缘无故跳来跳去看起来是个糟糕的主意，除非其目的是以高昂的代价发出信号。

想一想孔雀，它们是代价高昂地发出信号的象征。雄孔雀拖着它们巨大的尾巴走来走去（对于身为工程师的我，更让人意外的是它们会飞来飞去）。从性选择的角度出发，这些色彩鲜亮的大尾巴是可以理解的。雄性展示尾羽以吸引雌孔雀，用广告牌的形式对感兴趣的雌孔雀表示自己身体健康、没有寄生虫。不过这种展示还有其他的相关目的，除了向雌孔雀表示这只雄孔雀很强壮，还向其他雄性表示这只雄孔雀在昂首阔步、飞行、求偶等方面都胜过它们，总而言之比它们强；它还向捕食者表示，这只雄孔雀能张开尾羽、吸引雌性注意，就这样还能在你跑来找麻烦时飞走。“捕食者，你对此有问题么？因为我会给你制造问题……”当然这又有点演绎了。

代价高昂地发出信号，重要的一点是这个代价必须明显、

真实、可见。浪费是发出信号的关键特征之一，不管是针对捕食者还是潜在配偶。跳羚可没法作假。假设我们的跳羚体格强健，能跳得非常好。一只母狮盯上了这只跳羚，考虑悄悄地跟踪它，以便捕食。跳羚看到了这只母狮，于是来了专业的一跳，跳得非常高，平稳落地（就像我们谈论体操时所说的那样）。母狮看出这只跳羚体格很好，追上并吃掉它也许不太可能，于是它走开了，放过了这只跳羚。

现在假设，如果这只母狮发现了另一只跳羚，思考有没有可能抓住它。不过这一次，跳羚跳起的高度只有它能达到的高度的一半，或者更重要的是，只有母狮预期一只跳羚能跳到的高度的一半。它可能会得出结论说，这只跳羚受伤了，没法全力一跳，因而可能是个合适的袭击对象。但这无力的一跳背后可能有某种策略，这只跳羚可能完全健康，只是故意不认真地跳起来，引诱母狮追踪它，以便为它弱小的幼仔争取逃跑的时间。如果是这样，故事里的英雄要冒很大风险。母狮的动作可能比这只伪装中的跳羚所认为的要快，跳羚可能很轻易地被抓住、杀死、吃掉。

在这一场景中需要注意的是（该场景经过了简单化，不考虑地形、风向和其他环境因素的影响），我们的英雄跳羚可以随心所欲地跳跃。如果狮子觉得它能抓到这只羚羊，而且它想得没错，结局就是羚羊死亡。换句话说，跳羚必须实现它逃跑的能力，必须证明自己能跑得比母狮快，或者能闪避母狮的攻击，从而逃脱。类似地，母狮必须能抓住这只跳羚，不然其他跳羚就不会在乎狮子了。

也许最重要的是，漫不经心的一跳必须表现得足够模棱两可，以便使母狮产生怀疑，从而暂停动作。这种中间情形是成功的保证，不管对捕食者还是逃亡者。

这种中间状况使我考虑并接受了进化生物学里所谓的不利条件原理。这条原理是说，生物要声明自己体格强健，做出的假象或威胁都必须有清楚可见的成本。如果跳羚可以毫不费力地成天跳来跳去，狮子就会知道，跳羚的滑稽动作与它们身为逃跑大师的强健程度并无关系。猎食者不会被愚弄。但据我们所知，跳羚会疲劳，跳一下会让它损失一点精力，母狮也知道这一点，它感觉到这对跳羚来说并不容易。为此它认识到，如果一只跳羚能跳那么高、表现出如此高超的技巧，那么这只跳羚实质上是抓不到的。经过了成千上万年这样的互动，这个致命的相互作用维持着完美的平衡。

对于广阔大草原上的捕食者和猎物，我们讨论的是身体机能，但同样的过程以许多其他形式在人类社会中展现着。你应该知道那句老话“互相攀比”。我们持续地相互发出信号，获取头衔和物资，让别人知道，相对于部族或社会里所有其他人来说，我们有着何等的价值或地位。我们全都能理解这种冲动，它是人类版本的孔雀羽毛、驼鹿角，或者三角龙脖子上巨大的颈盾，或者动物正在做或曾经做过的上百万种其他类型的、代价高昂地发出信号的行为中的任一种。

如果其他人买了一部新手机或者一台新的割草机，明显比你现在用的性能要好，你就会想要。在此，从感受到走到前面的冲动，到使别人想要你已经获得的东西，只有一小步。它会让你付出代价，但你通过它发出了信号——一个进化的信号，闪烁在深时之中。

# 30 转基因食品究竟是怎么回事

如果你去过犹他州的盐湖城，我建议你开车去一趟圣殿广场，就在圣殿街南边的北主街上。在那里可以看到海鸥纪念碑，这是一座青铜雕塑，竖立在花岗岩柱子上，纪念信徒们称为海鸥神迹的事件。1848 年，犹他州的农场遭受美洲大螽斯袭击，这是一种与蚱蜢有亲戚关系的昆虫，随后一群加利福尼亚海鸥出现，据称吃掉了许多美洲大螽斯。当地人大多是摩门教信徒，他们认为这是一个神迹。海鸥是犹他州的州鸟，出现在这里很正常，但人们把美洲大螽斯的事看得很严重，因为昆虫对人类的威胁太大了。有记录显示，摩门教徒们在不到一个星期的时间里损失了一年的收成。不管怎样，他们还是造了一座纪念碑。

如今，农民们每年因昆虫损失 13% 的作物，这很严重，非常严重。20 世纪 90 年代，勤奋的生物学家用一种以进化为基础的全新方法解决了这个问题。研究人员找到方法从一个物种

体内提取基因，然后将其安插到另一个物种的遗传密码中。这种技术能使入侵的昆虫杀死自身，还能做其他的事。

这样生产出来的、供食用的生物称为转基因生物有时也叫作遗传工程生物，或者像在本章节里这样叫作转基因食品。如今，这个术语最为人熟知的方式也许是许多有机食品上的“非转基因”标签，此类食品是因为有些人害怕转基因食品不安全而生产出来的。

遗传工程是一种人工选择，但它与农民、育树专家和育狗专家所进行的传统育种大不一样，转基因生物携带着任何生物的细胞里都不会自然出现的基因组合。科学家凭借对 DNA 分子的深入理解，成功地把自然界里绝不会交叉的物种的基因结合到一起，这些物种不可能由育种师进行达尔文意义上的成功“杂交”。

我们已经沿着这条路行进很久。你有没有见过克隆生物？你可能觉得没有，但如果你真的不曾见过也不曾享受过克隆生物的成果，我倒要惊讶了。世界上几乎所有的草莓都是这样来的：农民让亲本植物长出新芽或纤枝（专业地说是根茎），进行培育。这样产生的后代称为克隆，源自希腊语的“嫩枝”。大多数葡萄藤也是这样培育出来的，因而葡萄酒是此类克隆的产物。克隆本质上不是坏事，如果你能享受上品解百纳就更是如此。只不过，如今我们能用人工的方式制造克隆，无须亲本或前体之类的东西，这是科学从自然进化的手中夺取基因组控制权的又一个领域。

你可能听说过克隆羊多莉，它是世界上第一只克隆动物，于 1996 年诞生，通过把从一只绵羊的单个细胞里提取的 DNA 植入另一只绵羊的卵子培育出来。这个人工制造的受精卵被植入一只母羊的子宫，生下了多莉。换句话说，多莉在遗传上与它的母亲一样，至少是与基因母亲有着完全相同的 DNA 序列。它的基因与生育它的那只母羊彼此独立，并无关系。这位母亲可以称为代母，代替了那只本来会成为多莉的传统生物学母亲的母羊。一些有力证据表明，多莉似乎生来就在遗传意义上年龄较老，其染色体两端称为“端粒”的化学物质比新生小羊理当拥有的要短些。她在 3 个季度里生下了 6 只小羊，她的后代至今仍在苏格兰的山间嬉戏。

为了培育出多莉，苏格兰罗斯林研究所的研究人员从它母亲的乳腺中取了一个细胞。构成生物身体的细胞称为体细胞，你体内大多数细胞都是体细胞，干细胞和生殖细是少数的例外。他们说多莉得名于多莉•帕顿[1]，后者不但有美妙的嗓音、高深的音乐造诣，还有着令人难忘的乳腺。（我没有在开玩笑，罗斯林研究所的科学家对媒体就是这么说的。）培育过程是机械式的，研究人员用一根极细的移液管把 DNA 注入卵子，这可不是一件易事。多莉是第 277 号移植的成果，在这次成功之前有着 276 次失败。

这种遗传改造或遗传工程做起来很难，但理解起来很容易，至少对我来说很容易。人们从一个生物体内提取 DNA，以物理

[1] 一位美国女歌手。——译注

或机械方式注入另一个生物体内，这两个生物都是绵羊，属于同类。但研究人员近年来开发出了一种更精妙的遗传操作，正是这方面的研究导致了转基因生物的诞生。

往生物体内植入基因还有一种方法，无须授精或穿刺，那就是遗传工程专家用病毒来进行基因植入。比如有些已知能感染植物的病毒，被科学家用来导入特定遗传性状。他们首先把想要的基因植入病毒，然后用改造过的病毒感染植物，从而把基因植入该植物的 DNA。这项技术广泛应用于玉米、大豆、油菜、南瓜、甜菜、棉花和木瓜。与此同时，转基因生物因为两个不同的重要原因引发了争议，其一关乎商业，其二关乎进化。

进化方面的担忧围绕着引入全新种类的作物对环境有何影响。例如，科学家从一种称为苏云金杆菌的细菌中分离出基因，这种细菌在玉米植株周围的土壤里自然存在。他们随后将基因注入玉米，改造后的玉米称为 Bt 玉米，能产生一种化学物质，使欧洲玉米螟的消化系统瘫痪，以致饿死。你见过的每个人可能都吃过携带这个基因的食物，这个基因以前是局限于细菌世界的。如今美国消费的 90% 的玉米和 93% 的大豆是遗传工程的产物，大约 70% 的加工食品包含转基因成分。

研究人员培育出了不同品种的大豆、油菜籽和玉米，它们就算在致命的农达牌除草剂作用下仍能存活。农业种子供应商为这个特性额外收取一大笔费用，因为它能大幅提高农场的收成。如果这些作物产生的种子被风吹到另一位农民的田地里，后者是否要向种子公司支付许可费？这是当今农业领域一个有争议性的问题。

毫无疑问，转基因作物使农民能多用一点点土地就供养更多的人口。由于虫害带来的损失减少，当地农田收成比一个世纪以前增加了近 30%。由于这方面的原因，转基因作物看起来好极了，但许多人仍然反对它。

转基因食品存在争议，理当如此。我认为，人们应当停止把一个物种的基因导入另一个物种，同时全力利用我们对任何生物（植物、动物或真菌）的基因组的了解，以便创造尽可能健康、可持续的粮食体系。原因在此：虽然我们准确地知道自己改造的生物会怎样，却不太确定改造作物所在生态系统中的其他物种会怎样。对我来说这是大事，虽然有些研究者看上去并不觉得有什么。

来看一个研究得很深入的例证。王蝶每年会进行一趟了不起的 4000 千米旅行，从加拿大飞到墨西哥。它们的幼虫以马利筋[1]的叶子为食，而农民用来杀死野草、提高产量的农药除草剂也会杀死马利筋。人们开发出了能抵抗农药的转基因玉米，使农民能喷洒更多除草剂而不必犁地，这似乎不经意地消灭了大片可供王蝶栖息繁育的区域。使用农药是否真的减少了王蝶的数量，还存在争议。

等等……还有一点！有些人声称（显然是有争议的），转基因 Bt 玉米的花粉落到马利筋上，会使王蝶幼虫生病。如果是真的，那转基因作物就在两面夹击王蝶。一个要供养全世界

[1]　一类多年生草本植物，在热带和亚热带地区常见。——译注

数以百万计的人口、工业化农业的社会，一个对进化有深入了解的社会，应该怎么做？特定的改造使我们能用更少的除草剂来种植农作物，提供充足的粮食供应是当务之急，它可能十分棘手。然而，我还是想在头脑中评估一下转基因生物对生态系统的影响。

另一个例子是夏威夷生长的木瓜，它容易被病毒感染，导致表面出现环形黑斑。该病毒恰如其分地得名“环斑病毒”，属于马铃薯 Y 病毒科。研究人员发现，把该病毒的一段 DNA 植入木瓜的 DNA，木瓜就不会再被这种病毒感染。要区分一个被环斑病毒感染的木瓜和一个好木瓜，你无须详细了解木瓜、水果、转基因生物或农耕。到底哪个看上去更适合吃掉，你那属于人类的动物大脑是不会有疑问的。

对转基因生物持谨慎态度，还有文化和经济方面的原因。有这么一个合适的例子：研究人员成功开发出了一个西红柿品种，它在寒冷早晨抗冻的能力比传统西红柿高得多。人们做到这一点，是通过从一种鱼（美洲拟鲽）体内提取基因，然后将其植入西红柿的基因中。这种鱼在美国和加拿大沿岸很常见，能耐受极度寒冷的水。鱼的基因帮助西红柿耐受极度寒冷的空气，这本身非常奇妙，是我们对 DNA 科学深入理解产生的贡献，它对生物与环境相互作用的影响也非常奇妙。但把鱼的基因转进一种水果——西红柿，这有点奇怪，而且不自然，谁也不想要它，于是研究被放弃了。

我向你保证，这可能是无知的消费者们发自肺腑的反应。感情反应无须符合科学事实，神创论和反疫苗运动之类的事情已经表现得很清楚了。不过在这个事例中，我觉得科学和感情站在同一边。谨慎对待转基因生物有切实的科学理由，并且与经济理由吻合。到目前为止，对转基因生物的投入是否得到了回报还不清楚，转基因生物研究是否应该用纳税人的钱来支持当然也不清楚。不说别的，无所不在的玉米和玉米糖浆帮助形成了发达国家尤其是美国的一种奇怪现象——营养不良的胖子。

科学和经济交织还有一个例证。不管你对快餐感觉如何，也不管你多么注意回避脂肪和碳水化合物，法式炸薯条都很好吃，薯条让我一直对麦当劳感兴趣，而且我知道，在这个经久不渝的兴趣上我并不孤单。麦当劳曾经调查过，要不要资助一种转基因土豆——NewLeaf 土豆的研究，好让他们的薯条更好吃，生产起来更经济。公司调查了消费者的意见，主要是问："如果我们的薯条比现在还要好吃，但是用转基因土豆制作，你会想吃吗？甚至是越发想吃？"答案是响亮的"不"！因此，身为世界第一大快餐连锁店的麦当劳决定不资助转基因土豆研究。

这个决定事实上扼杀了土豆转基因研究——在一段时间内。当我写下这段文字时，麦当劳有一桩新的转基因争议，围绕着对土豆基因的另一种改造。有些导致土豆在烹饪时产生致癌物的基因，可以通过遗传工程"沉默"或关闭。与上次事件一样，基因改造者们相信他们的土豆吃起来是安全的。但在我看来，我们还是不确信它会对生态系统有何影响，可能的后果使我非常犹豫。

我认为，人类近来在转基因生物方面有两个重大教训。它们在短期内可能是好的，能提升粮食产量，使有些人能享受到一些特定的食品，或者从中受益，而这是其他方式做不到的。但是我们不知道也无法知道全局的情况。我的意思是，我们能非常有信心地确认在转基因生物身上会发生什么，包括玉米、大豆、油菜、木瓜和西红柿。但是，我们无法确定一种转基因生物会对生态系统产生何种影响，无法知道蝴蝶种群会怎样，甚至也许还有吃蝴蝶的蝙蝠种群会怎样，或者携带奇怪的细菌、使蝙蝠数量受控制的跳蚤种群会怎样，等等。

生态系统依靠进化那自下而上的特点而存在。自然系统是经历成千上万个世纪后形成的，最终变得高度复杂。设计者们（转基因科学家和工程师们）以自上而下的方式引入新生物时，很有可能会忽略一些东西——很细微但非常重要的东西。因此对我来说，进化论告知了我们关于转基因生物的决策。

一般说来，自然系统太复杂了，我们没有办法预测把一个物种的基因植入另一个物种会造成何种影响。相反，我们应当重点关注同一物种内的粮食生产改造。杂交小麦很好，只要我们一直是在让小麦跟小麦杂交，在进化测试了几十亿年的框架里行事。

我觉得，转基因问题还有一个方面很重要。人们清理数以百万公顷的土地、往上面大量喷洒除草剂时，会破坏环境，但这种破坏是有可能逆转的。如果停止使用这些化学物质，生态系统就有可能恢复。假如引入一个无法通过自然方式或杂交育种产生的新物种，情况还会是这样吗？自然能从新物种可能给环境带来的负面影响中恢复过来吗？这很难说。我宁可失之谨慎，这不是因为我反对企业或者反对进步（绝对不是），而是因为我知道，人们就是没有办法预测结果而已。

已经广泛存在的转基因生物会怎样？我们会与它们共存。它们已经自然地融入了自己的生态系统，甚至是人为制造的生态系统。时间和进化过程会梳理这些食物基因的正反两方面影响，但没有什么明显的办法能收回它们。同时，与其继续追寻超凡的基因来获得超凡的粮食产量——超过发达国家需求的产量，不如让我们优化农业活动，为全世界所有人带来更健康的食物。

# 31 克隆人——一点也不酷

如果说遗传工程应用于农作物时让人困惑，那么将它应用于人类就是彻底让人头晕了。我们现在有能力绕过自然选择，对自身进行非常精准的人工选择，但还不止于此。以科学家对人类 DNA 的了解之深入，我们原则上有能力克隆出一个人，完全绕开性别的数十亿年进化史。有很多理由为这些进展感到激动，但我要坦率地说：克隆人并不在其列。

好啦，我知道，大多数人希望自己能做的日常事务更多：更多家务活，更多购物，更多写作，更多工作，更多锻炼，等等。出于这个目的，提出克隆人类自身是个流行的主题。（我觉得滑稽的是，声称不相信进化的人往往反对克隆，不是因为他们怀疑克隆能不能成功，而是他们害怕克隆会太成功。）但如果你生过孩子或者看过别人生孩子，或者只是看过生孩子的片子，就会认识到克隆人比财务规划和家用面包车上的广告描绘的要难一些。它不仅难，而且不是所有的人都真的想要。克隆不会生成一个完美复制品，也不是瞬间完成的。

植物的克隆十分容易，想想那些克隆出来的草莓和葡萄吧，香蕉和土豆也是通过克隆培育的。克隆一只哺乳动物就是另一回事了，不管是什么哺乳动物。但从 1996 年的绵羊多莉开始，科学家也找到了克隆哺乳动物的办法。他们成功地绕过了进化，绕过了生命对有性生殖的顽固偏好。克隆消除了作为自然选择原材料的变异，代之遗传方面的完美可预测性……至少原则上是这样。迄今研究人员已经克隆了 20 多个不同物种。没有人克隆过人，至少没有人承认，但这个过程无疑也适用于人，就像适用于多莉一样。

首先要从一只动物身上取一个细胞，提取其 DNA，然后把这些 DNA 注入另一只动物的卵子。如果这个过程成功了（大多数时候都不成功），卵子就会接受 DNA，然后重新安置它们，就像受精一样。把这个受精卵放到合适的宿主体内，等上一个标准的妊娠周期，到出生的时候，你的克隆体就来到世上了。这是一个全新的、哇哇哭着的婴儿版克隆体，然后你得花上 20 年把克隆体养到成年。想象一下任性暴躁的青春期："又不是我自己要克隆出来的！"

把这个结果与我们目前的商业广告里的克隆对比一下，或者与长期以来科幻电影里的克隆对比一下。在科幻里，克隆人是以完全成长的成年人形式出现的。你想要更多的自己，就制造出更多的成年人。但现实世界并不是这样，没有人知道怎样

才能让婴儿比正常速度更快地长大成年。此外还有一些先天与后天的小问题：你怎么可能养育比方说4个经历完全相同的孩子？问问养过双胞胎的人吧，或者只是见过双胞胎的人都行。更让人困惑的是，你怎么可能把自己的克隆体养育到跟自己一样？我们不仅由基因塑造，也由生活经历塑造。

设想一下，一位克隆人的命运会怎样。在设想的场景中，某个认为自己很重要的人克隆了自身。有人从这个人的一个细胞中提取DNA，植入一位代理母亲的子宫。孩子生出来之后，他在遗传上将比同辈落后一步，没能像其他（非克隆的）生物那样享受到全新基因组合带来的益处。克隆人躲开了有性生殖的进化机制。

如果你克隆自己，就会落后于人，这个概念非常重要。你会在时间、遗传和进化上都落后于人，停下来这么想一想，就不会有人认真考虑克隆人了。然后立法人员也可以放松关于反对美国境内克隆研究的争议法案，去干点别的事，比如促进美国的医学研究人员对细胞发育的特性做一些基础研究。这有可能带来新的治疗方法，提高全世界所有人的生活质量。

有些人反对对人类的卵子和精子进行任何形式的修改，主要是出于他们对《圣经》的诠释。比方说，有人坚决相信，生命开始于人类卵子接受人类精子（也就是受精）的那一刻。但这并不是事实，受精卵也不是必然会发育成人。卵子接受了精子及其Y形或X形的染色体后，必须在女性的子宫壁上着床，如果做不到这一点，就不会有孩子。着床之后，受精卵变成杯子的形状，分为 3 层。这个过程就是“原肠胚形成”，动用一下你的想象力，杯子的形状会让你联想到肠道的一部分。（以希腊语和拉丁语为基础的医学术语，是人们要花四五年才能从医学院毕业的原因之一。）

坦率地说，要不是科学家用显微镜研究了人类卵子和授精过程的细节，不管哪间的教堂都没人能断言卵子是不是有生命力。有些宗教人士声称他们知道卵子在受精后会如何，这也许可以作为“半瓶子水晃荡”的一个例证。

我之所以提到这一点，是因为我们的立法人员花了太多时间在市政厅会议和议会辩论上讨论一些以受精卵等同于人的理念为基础的法律。有些宗教分支似乎完全立足于这一理念。尚未形成原肠胚的卵子是不是人，人类围绕着这个问题进行过残酷的自相残杀。它们到底是不是人，还不清楚。

受精卵随时会从女性的身体排出，进入自然环境，我希望这能让某些人暂停下来思考一下。说直白一点，未形成原肠胚的受精卵可能会变成粪便。产生这些细胞的女性是否会被控违反了部分以宗教为基础的法律？她们是否会因为无意中杀婴而受审？还有她们的丈夫呢？也许是他们的精子活力不足导致受精卵没能发育下去。科学上的事很清楚。有些以宗教为基础的道德所反映出的思想，往好里说是模糊晦涩，往坏里说是愚昧无知。也许我们应该起诉那些支持此类观点的人，罪名是损害经济，因为如果有需要的话，人们肯定会把病人送到海外去，在其他地方花上大笔的钱，以便获取以卵细胞为基础的医疗手段。

是什么过程导致婴儿诞生，最终生长出学习代数的青春期学生？人们对此的理解来自基础科研，而不是来自古老文字或经文。如果没有基础研究，这些稀奇古怪的、试图把女性子宫内部的事情管起来的法律是不可能存在的。数百年来的科学发现促使某些争论出现，但也许更聪明的方法可以使这些争论一开始就无需存在。

以受精卵为基础的科研与克隆人之间有本质区别，虽然两者经常被混为一谈。但在一个许多人拒绝接受进化的经验教训的国家里，弄清两者的区别、解释为什么克隆人不好，不是一件容易的事。就连让民选出来的领导人花点时间理解这些问题，也是很难的事。今后我们会看到，了解事实是否能帮助领导者做出明智的道德决策。

关于克隆人的伦理或理念还有很多内容。这项技术确实有着巨大前景，但在许多人看来它的创伤性太大，或者就是太古怪了。请这样考虑一下：近年来，医学研究人员发现了干细胞的重要性，并对之进行研究。干细胞是受精的哺乳动物卵细胞里的细胞，能不断分裂，成为构成你身体的每一个细胞。人们经常会说孩子出生是多么“神奇”，但以自然的标准而言一点也不神奇。不管怎样，哺乳动物已经按部就班地这么做了上亿年。不过对我来说，它依然令人惊奇。

卵子受精，并成功着床、形成原肠胚（发育出 3 层）之后，下一个关键阶段是“囊胚”。它是一个袋状或球状物，由大约

150个细胞组成，是初始的那个细胞（受精卵）经最初几次分裂后形成的。这些细胞能不断分裂，发育成海豚、负鼠或者人。

理解了囊胚中的干细胞这种自我分裂、自我组织的特性，人们会产生一个很合理的疑问：如果某位技艺娴熟的研究人员能提取出一个干细胞，他不就能在人体内部促成组织再生了吗？比如让有需要的病人长出新的器官。这听起来可能有点惊悚，至少一开始是这样，但人们已经提出设想，可以提取卵子，在实验室装置中使之受精，就像现在体外授精那样。巧手的技术人员可以让受精卵发育两天左右，然后从中提取干细胞，这些细胞可以用于帮助车祸伤者重新长出脊髓神经。有了这些细胞的帮助，脊柱受重伤的人可以促使自己的身体长出自己的新神经，重新获得走路的能力。这听起来可能很古怪，或者创伤性很大，但不妨跟把人切开、放进新的心脏瓣膜或者钛合金髋关节比比看，那些手段才是创伤性特别大的，它们如今在发达国家已经很常见。

说到对人类卵子的有意使用，人们一直在提取卵子，也一直在丢弃卵子，这是试管婴儿技术的一部分。许多虔诚的宗教信徒反对这样做，在我看来他们的理由十分武断。大量的人类卵子未曾受精，如今地球上的每位女性以及曾经存在过的每位女性排出过无数的卵子。设想有那么一种宗教信条，要求保障每颗蒲公英种子都能生长到开花，那这世界就会充满杂草。我只是提醒大家一下，所有那些未受精的卵子、没有长出东西的种子、没有发挥出来的潜力都是繁殖的宏观图景的一部分。不

管怎么样，这就是世界运作的方式。生物会产生过量的卵子和精子，远超过能够生存的数量，这个基本见解可以上溯到达尔文有关种群竞争的研究，在所有关于生物学和进化的理解中都非常突出。对我而言，这使得每个婴儿更显珍贵——在卵子成功发育、婴儿出生之后，而不是卵子在母亲体内着床之前。我的意见与其他许多人不同，因为它以生命的事实为基础，而不是以关于生命的什么假设为基础。

2005 年，我和我的团队在汉斯·凯尔斯戴德的实验室（当时在加利福利亚大学欧文分校）工作。人们给实验鼠使用镇静剂，有意弄伤它们。实验鼠的背被打折，它们从麻醉中醒来后处于部分瘫痪状态。许多人对这样的医学研究感到不自在，但请继续看下去，研究结果非常惊人。骨折之后一段时间，人们给这些受伤的实验鼠注射人类干细胞。这些干细胞是由不到 10 个干细胞系培育出来的，可追溯到几十年前，当时对干细胞研究的管制与现在不一样。这些干细胞系一直保存在特殊的、受到严格管控的实验室里，得到培育。除了注射人类干细胞，人们还给这些实验鼠用了药物，就是用来防止接受器官移植的患者身体排斥供体器官的那种药物。

几天之后，这些实验鼠就能活动后腿。几星期后，它们就走得非常好，对大小便的控制也恢复了。也就是说，它们在脊柱受伤后会失禁（失禁是一件麻烦事，对实验鼠来说也是如此）。经过仔细检查发现，这些实验鼠脊柱里的神经重新生长出来不少，它们在自己背上再生了脊椎。这离用于治疗人类还很遥远，或者是可能很遥远。

关键在于，从受精并发育的人类卵子里提取干细胞的技术与把体细胞 DNA 植入卵子进行人类克隆所用的技术是同一种。我们可以沿着这条路线推导下去，得出一个结论：这项技术随着医学研究的发展变得越精湛，它应用于人类的可能性就越大。这是否势在必行？要怎样划出界限，允许医疗研究而防止完全的人类克隆？这是所有纳税人和选民都要仔细考虑的问题。

由于涉及囊胚，研究人员在寻找方法，不从卵子（它原则上可能发育成活胚胎）中分离和培养干细胞，而对来自人体其他部分的细胞进行研究。可能不久以后，再造患者本人的器官细胞或神经细胞会变得跟髋关节置换一样普遍。与高科技修复术相比,让病人自己的身体来完成所有的工作可以省多少钱啊！考虑到这种非同寻常的潜力，用患者本人的干细胞来提升他的生活质量也许就成了道德上的当务之急。

进一步想想人类干细胞研究及其在医学上的应用潜力，请记住，之所以能在实验鼠和其他动物身上进行这种研究，是因为我们与它们很像。这是进化的直接证据。我们与这些胎盘类哺乳动物表亲有许多共同之处，因为约 7000 万年前我们与它们有着共同祖先。我们对医学、血型、中枢神经系统以及根本来历的理解，全都直接来自于对进化的理解。

如果各种生物没有共同祖先,在 DNA 序列上没有相同之处，不是全都从古代生物繁衍而来，则所有的生命科学以及自然界所有的生物都会比现在神秘得多，难以理解得多。有关进化的

关键发现是在仅一个半世纪以前做出的，我觉得这意味着人类还十分原始。运用关于生物的知识——那些通过研究自然选择得来的知识，从而变得对同类更具同情心，并成为更称职的地球守卫者，我们在这方面只是刚刚起步，还有很长很长的路要走。思考这个问题，让人激动不已。

# 32　我们的肤色

20 世纪 60 年代，我在还是小学生的时候就很知道种族和种族主义了。当时的华盛顿特区在很多方面都像一个种族主义的南方小镇，气氛就是那么糟糕，我毫不费力就能感受到。它存在于繁忙的餐馆里的背景交谈中，跟觥筹交错的声音混杂在一起。我也能看到正在发生什么：头条新闻报道着名人因为明确的种族主义原因被暗杀的消息[1]。同时，民权运动成功地使法律和观念发生了翻天覆地的改变。这一切对我产生了深远的影响。如今，我很容易看到，种族主义是从表面开始的。说到进化力量对我们的社会的塑造，再没有比肤色的影响更明显了。出人意料的是，肤色并不像许多人认为的那样有意义。

我去过世界上不少地方（主要是因为我经常参加国际天文学会的会议，这个会议每年都在不同的城市举行）。不说别的，

---

[1]　马丁・路德・金于1968年遇刺。——译注

我从旅行中学到了一点，那就是人们的共同之处远比差异要多得多。不管从进化的角度还是从事实的角度，人们都几乎是一样的。每个人都与他人共享99.9%的相同DNA，我可以证明这一点；更棒的是，你可以自己向自己证明。如果一位来自斯堪地纳维亚的男性与一位东非女性结婚并享受性爱，会发生什么事？他们可能很容易生出一个孩子，这个孩子将会是一个人类。他俩不会生出别的，只会生下人类。

智人只有一个物种，我们都有共同祖先，这可能是亚当与夏娃住在乐园中的神话的起源。如果你坐下来想一想，认识到人们全都非常相似，就可能得出结论认为，应当有过一对原始人类繁育出了你、我和所有的人。《旧约·创世记》的作者可能通过逻辑推理得出了同样的结论，也就是说纯粹通过思考得出结论。人类，我们所有人，都必定有一位共同祖先。要不然我们怎么可能全都属于同一物种、能轻而易举地一起繁殖后代？如今世上有超过70亿人类在走路、吃饭、发短信。

尽管有着这样的逻辑链路，几千年来，不同部族或地区的人们还是互相争战、互不信任、禁止通婚。在许多情况下，肤色是造成此类冲突的原因之一。这引出了一个令人着迷的进化问题：如果我们都属于同一物种，为什么肤色差异会这么大？肤色是否关系到不同人类群体之间的深层差异？或者你可以干脆反过来问，种族差异是否真实？

简洁的回答是：不。在人类遗传特征中，肤色是一个微小的、新近才出现的、短暂的特征，《奈尔看世界》电视节目中有一集就是谈这个问题的。在节目中,我站在田野里,周围有几十头牛。我向观众指出，每头牛的颜色差异很大，有黑的有白的，还有深浅不同的棕色，但它们的行为表现并无差异。它们一样游荡、吃草，没有表现出特别偏好哪一种色调。种族主义对它们来说似乎全然不是问题：它们都属于同一物种。我们也是。人们通常认为的种族只是一个幻象。不过，先不要相信我的话，让我们看看两个世纪来的进化研究怎么说。

寻找答案的第一步，是观察我们最近的灵长类亲戚的肤色。随着对DNA的理解加深，我们了解到，人类基因序列与黑猩猩有98.8%的相同之处。黑猩猩和人有着共同祖先，这是一个惊人的证据。黑猩猩的肤色非常浅，你可以自己看看它们皮肤暴露在外面的可爱脸颊和下颌。于是，我们可能预期人类的肤色应当与我们最近的遗传表亲相似。然而实际上不是，除了少数例外。

人类学家在满世界寻找我们祖先的化石，也确实找到了，有几十件与我们关系亲近的人类颅骨以及类人的颅骨，还有其他骨骼。它们全都表明人类起源于东非，这也是如今人类遗传多样性最丰富的地方，以及我们找到最古老人类化石及人类活动最早证据的地方。如果我们源于一位黑猩猩的祖先，难道一开始的肤色不是跟它们一样吗？化石骨骼无法回答这个问题。至少，就算有方法可以提取出曾经包裹着这些骨骼的皮肤的颜色信息，我们也还没有发现。

由于化石没有给出答案，科学家掉转方向，试图从进化的角度去理解肤色的适应功能。最明显的是，皮肤保护我们免受外来的侵袭——风、雨、掠过的树枝。最不明显的是，皮肤是一个器官，能生产一种我们不可或缺的化学物质——维生素 D。之所以编号为 D，是因为它是被发现的第 4 种维生素，其主要形式是胆钙化醇 $C_{27}H_{44}O$，科学家是通过研究人类所喜欢的狗而发现它的。合成维生素的能力在进化上历史悠久，海中的浮游生物制造维生素 D 已有 5 亿年之久。海洋生物通过维生素 D 来利用环境中的钙，我们也是。

维生素 D 有一个很棒的特点：你无须去摄取，身体自己就能制造。人只需要接触一点紫外线，给皮肤中的某种胆固醇一点动力，就能让它转化成维生素 D。然而这里有一个问题：太多紫外线会带来麻烦。紫外线携带的能量比可见光要强，能击碎精细的生物分子，特别是人体内的叶酸分子。例如，紫外线会灼伤皮肤。因此，为了成功生存，我们这样的动物需要一种手段来阻隔大部分紫外线，只让足以维持合理的维生素 D 水平的紫外线通过。

如果你是一只黑猩猩，那就已经用进化之书里一个最古老的技巧解决了这个问题：你有毛发。毛发由角蛋白组成，与生命之树上那些用角蛋白长出羽毛和鳞片的远亲的做法没有多大差别。你肯定明白，毛发会阻隔光线。黑猩猩的体表几乎全都被浓密的黑毛覆盖，人们会取笑毛发浓密的人，但毛发最多的人类也远远比不上黑猩猩。毛发使黑猩猩免受多余的紫外线伤害。然而，既然毛发提供了这么好的保护作用，为什么人类失去了大多数毛发？

通过以下思想实验能得出一个可能的答案，我希望谁也不会真的去做这样的实验。你可能听说过有人养黑猩猩当宠物，小时候一切都好，但它长大后会变得比人类强壮得多。黑猩猩可以轻而易举地打倒你，把你的胳膊拽掉。不过到了紧要关头，如果跟黑猩猩发生激烈纠纷，你还是有一件事可做的：跑得比它快。

人类是长跑高手。人和黑猩猩跑的时候都会发热，黑猩猩很快就会过热，而人类不会，因为人类身体散热的能力要强得多。你可以预料到我接下来要说什么。根据一种流行理论，古代人类在一代代狩猎、采集、游荡中失去了毛发，因为更少的发毛意味着更好地散热、更有效地长途奔跑，这项能力使我们的祖先能在机动性和奔跑速度上超过猎物。试着在炎热潮湿的天气里多穿两件外套或者毛皮大衣跑上一两千米，然后脱掉外套再试一次，就会感受到失去毛发会带来什么差异。过热会降低我们这些恒温动物的行动速度。

不过，失去毛发使我们的祖先面临一个新的挑战：接触的紫外线更多。没错，紫外线有助于合成维生素 D，但它也会破坏同样重要的叶酸分子以及其他对紫外线敏感的分子。与维生素 D 不同，人体自身不能合成叶酸，而是从绿叶蔬菜中摄取叶酸。叶酸对胚胎发育极其重要，如果女性接触的紫外线过多，生下的婴儿会有脊柱和中枢神经系统缺陷，无法存活。因此，那些皮肤中可以阻挡紫外线的黑色素更多的人，在紫外线很强的环

境中，会比浅肤色的人有优势。

一般说来，人的居住地越接近赤道，接触的紫外线越多，平均肤色越深。强烈的局部气候条件也会使紫外线水平降低。看看地球上不同地区不同肤色的原住民分布图，可以发现，在接近赤道的地方，人的肤色较深;在阴云较多的地方（如英国），人的肤色较浅；在更接近外层空间的地方（比如中国西藏），人们接触的紫外线更多，肤色也更深。肤色基本上是衡量当地紫外线水平的一个指标，它由基因组中相对微小的适应性变化来控制。

这一串有趣的推理，是进行了相关基础研究的尼娜•雅布隆斯基告诉我的（她当时在加州理工学院，现在在宾州州立大学）。她指出，两个人——任何两个人——之间的遗传差异都极小。雅布隆斯基热衷于观察这类微小差异，在她看来，人类最稳定的生理差别不在于肤色，而在于骨骼配置，尤其是脑袋的形状。在访谈过程中，她暂停了一下，张开手向我靠过来，像是要去拿架子上的甜瓜。然后她评价说："比尔，你有着完美的欧式颅骨。"我不得不阻止她，解释说她现在还不能把我的头骨拿走，因为我还在用着呢（现在我依然与它有着密切联系）。但接下来，她对人类在全世界迁徙的描述吸引了我的注意力。

我们的人类祖先在非洲取得成功之后，开始寻找新的草场。据认为，他们向北方、如今伊朗和伊拉克的所在进行了冒险。这些地方距离赤道比东非要远，出生在这里的人如果碰巧肤色稍浅，就会表现得稍好。他们会得到合适水平的维生素 D，又不至于使体内的叶酸及其他重要的、对紫外线敏感的化合物被破坏。比起那些生在这里但仍拥有非洲肤色（即非常黑的肤色）的人，他们会活得更久一点。无疑，现代北非人的肤色比赤道东非地区的人肤色要浅。

朝向和远离赤道的迁徙，迅速导致人们的肤色发生变化。了不起的地方在于，所有地方的所有人在迁徙到紫外线水平相似的地方之后都进化出了相似的肤色。随着我们的祖先发明农业，他们从非洲迁徙到美索不达米亚，然后向东到欧亚大陆。如果他们朝如今是印度的南方迁徙，肤色稍深的后代会表现得比肤色稍浅的后代要好。印度南部的土著居民肤色通常很深，深到简直像蓝色。

最后的启示是这样的：印度南部居民的深肤色也来自黑色素，跟他们的非洲祖先一样，但黑色素由另一组基因控制。他们似乎保留了来自非洲祖先的祖传肤色，但额外拥有一些基因组合，能帮助制造黑色素聚合物。这些迁徙到印度南部的人来自一个紫外线水平略低的地区，偶然拥有了一个启动黑色素的基因，帮助他们的后代在紫外线稍强的环境中生存。肤色的改变来自肤色基因中完全不同的变异。

在从亚洲东北部（紫外线弱）穿过冰期的陆桥（位于如今的白令海峡）到达北美、往南迁徙到美洲中部和南部（紫外线强）的人身上，也存在同样的情形。他们那由黑色素产生的肤色，与居住地区的紫外线强度步调一致。同样的过程使得搬迁到阳光较少的西欧和东亚的人们拥有较浅的肤色，以便最大程

度地增强合成维生素 D 的能力。在终年阳光灿烂的地方，当地人的肤色较深。在只在某些季节阳光较好的地方，当地居民的肤色要浅得多。这一点置之四海而皆准。

黑色素的趋同进化进一步证明，肤色不能作为种族特征的标志。它还提供了另一种追溯人类进化史的方法。存在两套完全不同的肤色素基因，显示人类是分别从非洲向北和向东迁徙，可能发生在两个不同的时间。然后，通过趋同进化，印度人获得了激发黑色素的基因组合，使他们的婴儿在紫外线强的环境里拥有同样的优势，就像如今东非人体内激发黑色素的基因那样。

中国西藏地区海拔很高，把当地居民与周边地区的居民进行肤色对比，可以发现西藏地区人们的肤色比邻近低海拔地区居民的肤色稍深，而且他们很容易晒黑，这非常有道理。如果你住在高海拔地区，与太阳之间的大气更少，比起那些住在更矮地区的人，你和你的邻居们照到的紫外线更多。你的后代如果有着略深的肤色，就更有机会生存下去，给你生出孙辈。相比之下，那些肤色太浅的人就不足以繁衍出一个大家庭。

肤色对环境如此敏感，使科学家能通过研究土著居民的肤色，绘制出人类走出非洲、迁徙到世界各地的地图。智人约在 8 万年前初次离开非洲，穿过美索不达米亚，大约在 6 万年前开始朝东向欧亚大陆迁移。穿过白令海峡从西伯利亚迁徙到北美，是仅仅 1.5 万年前的事。现在看看这两张地图：随着非洲人向东和向北迁徙，土著部族的肤色一代代变浅；向南迁徙时，肤色又重新变深;朝东方和北方走得更远,肤色又会变得浅一些。

在人类前往南美的时候，生存得好的部族就跟非洲祖先一样有着深色皮肤。但雅布隆斯基在整理几个学生收集的数据和文档，研究紫外线、维生素 D 和叶酸之间的关系时发现，除了眼睛能看到的这些，其间还有别的事情发生。

居住在热带地区的美洲部落的确有着深色皮肤，就像非洲人一样。但美洲部落的肤色没有那么黑，比非洲人还是要浅不少。为什么会这样？一方面，人类在美洲生活的时间没有像在亚洲和非洲那样长，没有足够的时间来积累进化改变。科学家还指出，在人类沿着美洲海岸南迁时，已经有了直接的紫外线防护技术——我所说的是帽子和外衣。他们的部落形成了穿衣服的习惯，抑制了他们的肤色在南迁过程中变得越来越黑的步伐。这太令人惊奇了。

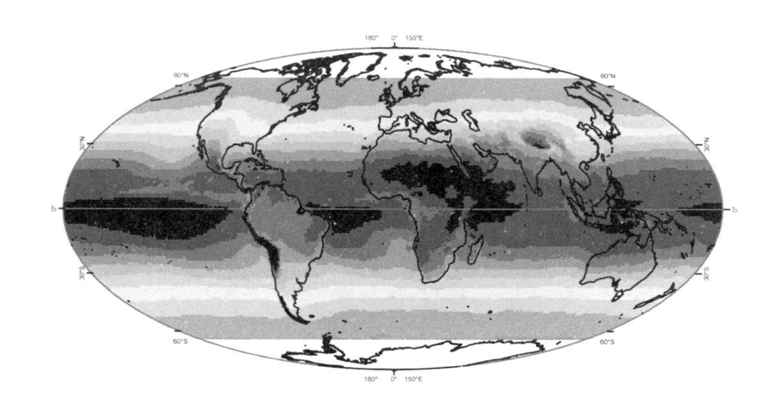

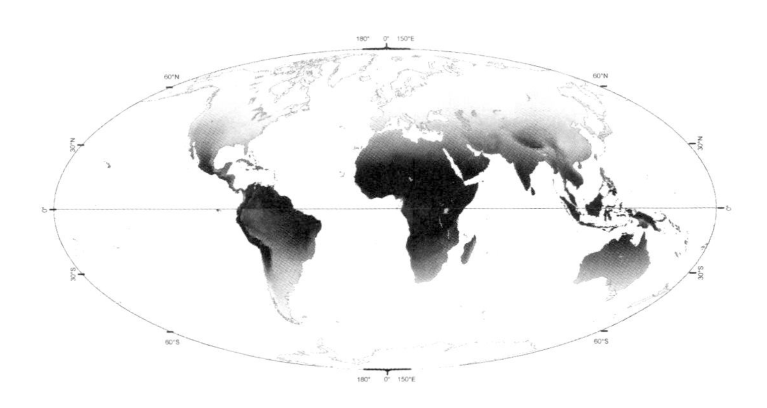


如同雅布隆斯基指出的，结论是并不存在不同的人类种族。传统上与种族相关的差异，是人们对维生素的需求以及与阳光的关系所造成的。控制肤色的基因只有几组；肤色的改变出现得非常晚，并且随着迁徙变来变去；同样有深肤色的两个人群的肤色并不完全一样；与整个人类基因组相比，肤色差异非常微小，因此肤色和“种族”对于特征定义既不重要也不合理。我们都是同一批非洲祖先的后代，彼此的遗传差异微乎其微。皮肤颜色或色调的不同，是针对当地环境中紫外线水平做出进化反应的结果。每个人都有着由黑色素染色的棕色皮肤，有的是浅棕色，有的是深棕色，但全都是棕色，棕色，棕色。

我们对其他群体的反应是真实的，但进化生物学显示，这些反应与种族全无关系，因为种族本身是不真实的。科学上说，部落主义和群体偏见确实存在，但种族主义完全不应该存在。人类全都是一样的。

# 33 人类还在进化吗

我还清楚地记得见到伊凡时的情景。他有很多粉丝，所以我只能站在路障后面挥手，但我觉得他注意到了我，并且向我挥手，让我非常激动。这样的事发生过两次，一次是在华盛顿州的塔科马，一次是几年后在佐治亚州的亚特兰大。我这么激动是因为伊凡是特别的。与这本书的大多数读者不同，伊凡是一只山地大猩猩。

现代基因测序告诉我们，伊凡和我有很多共同之处。就内在而言，我们有 97% 的相同部分。我们之间的进化距离非常短，当我站在这里时，我能感受到——这么近，但又这么远。为什么我的家系在过去几百万年中与伊凡的家系分开了？看着伊凡，我忍不住要想人类会怎样继续变化。我们会掌控自己的进化吗？就像已经掌控了农作物的进化、正在开始掌握自身干细胞的进化那样？如果你能对自己的基因组做主，具体会进行哪

些改良？伊凡又如何呢？我们在进化之树上会不会离它的种类或说类人猿亲戚们越来越远？

我在西雅图的波音公司上班时曾去看过伊凡，当时我在对 747 飞机进行微小改良。伊凡非常有名，到西北太平洋地区观光，去看望它是一项必不可少的活动，就像到皮阿拉普去参加西华盛顿州博览会、吃司空饼和草莓一样。当时，伊凡住在一个水泥盒子里，位于奇怪的百货商店 B&I 的地下室，店名来自百货商店最早的拥有者布拉德肖（Bradshaw）和伊文（Irwin）。它有一个橡胶轮胎做的秋千，以及很多香蕉。它于 1964 年还是婴儿时被带到美国，妹妹很早就去世了，伊凡则在它的盒子里玩着秋千，一直到 32 岁。

当我透过那奇怪的百货商店地下室的玻璃看过去时，不把我们两个进行一番比较是不可能的。我们的亲缘关系近得令人吃惊，但外表和行为却如此不同。我对大猩猩不太了解，但我的人类头脑觉得，它看起来厌倦生活，而且我明白是为什么。人，好多人。每天是同样的食物，链子吊着的橡胶轮胎。那时候，B&I 已经不复往日荣光，正走在衰落的路上。他们达成了一项协议，伊凡被转移到亚特兰大动物园，我最后一次看到它就是在那里。

当时我在迪斯尼公司工作，经常路过亚特兰大。我在亚特兰大遇到了一位老朋友和她的孩子，也与伊凡再次见面。那次它看上去很好，有几位大猩猩妹子显然被它的大猩猩气概迷住，它晒着太阳，跟妹子们交流。我感觉非常宽慰，因为它看上去比以前快乐多了，这里指的是它的仪态和在动物园大家庭中的举止。我记得莎士比亚的《裘力斯·凯撒》中的对话，卡西乌斯说："这是秦纳，我认得他的步态，他是友非敌。"我记得自己先是想到可以通过步态认出一个人，进而想到人的仪态和动作可以提供很多有关他的信息。我对兄弟伊凡的感觉就是这样。它在塔科马时心情很坏，在亚特兰大时心情很好。

出于某些原因，关于灵长类亲戚们的苦思冥想一直跟随着我，虽然说是苦思冥想有些夸大了。我首次上电视是在西雅图本地的喜剧节目中扮成伊凡。我穿上大猩猩的服装，用字幕表示伊凡（好吧，是假装的伊凡）觉得什么都好，除了自己被困在塔科马这一点！在剧中我们让伊凡打网球，观众全都能看出打网球的是我，虽然我穿着大猩猩服装。你能从步态中认出我。我尽量表现得很烦躁、很生气，并且假定伊凡也是这样。我要说的是，类人猿的行为特征之所以非常明显，其中原因与人类行为和仪态特征明显的原因是一样的。它深植于我们内部，在那97%的相同DNA里。

大约3年后，我在拍摄自己的节目《科学人比尔·奈尔》，第53期的题目是"哺乳动物"。为了拍摄，我拜访了西雅图伍德兰动物园的另一只大猩猩，它名叫维普。它的状态挺好的，我的意思是，它啃着我看着像白菜的东西，并且盯着我。我觉得，我能感觉到它的不满和忍耐。如果让我替它说出来，是这样的："怎么了，人类？你没毛，看着就是个可怜的弱鸡。我想把你放在膝盖上一掰两半——不过我是吃斋的。不知道你们

人类为啥把我关在这里，在这堵透明墙（厚玻璃）的这一边。我要说，伙计，这糟透了。多谢这些恶心的白菜，你这没毛的傻瓜……”

我承认这段话完全是我脑补的，但我敢说，任何人去动物园接近大猩猩时，看看它们的眼睛，都不可能感觉不到，它们心里明白着呢。你和我天生运气好，比大猩猩更聪明、更灵巧。它们不太明白人类是怎么做到这些的，但它们明白，自己在遗传上处于劣势。你必定会好奇，我们在盯着未来的人类或者我们会变成的随便什么东西时，是不是也会有这种感觉？

科学家和工程师开发出了机器和化学试剂，能确定 DNA 链上化学基团的精确序列，使我们得以发现，人类和大猩猩有 97% 的遗传密码相同。我们在 DNA 上只有 3% 的差别，可是，哇，我们的样子和行为差别多大啊（不包括我的前上司）！经常有人打比方说，好比屋子里有一只 350 千克重的大猩猩，尽管对多数大猩猩来说 350 千克这个数字是夸大了，一般是接近 220 千克。大猩猩平常用脚和肘关节走路，我们只用脚走。大猩猩没法站得很直，但我们能。大猩猩全身都是毛发，而我们不是。大猩猩的脑子比我们的大，但我们的脑子相对于自身体重和身高的比例来说更大。所有这些区别都来自那微不足道的 3%。

如果我们只有 1.2% 的区别，会是什么样？这大致上是人与黑猩猩之间的遗传差异。0.5% 的区别又会是什么样？唔，还是会不一样。那些生物看上去非常像人，体格可能更魁梧，但走在我们中间的话也并不显得突兀。它们的行为也可能与我们很像。它们可能更强壮一些,但在象棋和代数方面不如我们精明。

这 0.5% 的差异描绘了不到 400 万年前曾经生活在地球上的十来种类人生物，也就是原始人类，考古学家发现的、在进化上与我们最接近的生物。你肯定听说过尼安德特人和克罗马农人，或许也熟悉下面这些考古遗址出土的重大发现：周口店、昂栋、桑吉兰和圣塞赛尔。曾经居住在这些地方的原始人类可能与我们有着 99.89% 的相同 DNA，然而我们在这里，他们已经消失了，全都消失了。不知为何，总之我们的祖先在竞争中胜过了他们。也许我们更晚近的祖先更擅长画地图或讲故事，或者更一般地说，更擅长模式识别。也许他们有一个基因，使他们对特定类型的疟疾有更强的抵抗力。除了智人的直系后代，其他人都灭亡了。

既然我的大猩猩兄弟伊凡与我们只相差 3%，我们能造出这么多惊人的武器，它却不能，想想看如果我们遇到 DNA 分子比我们先进 3% 的外星人会怎么样。我们一点胜算也没有。(当然也许他们没有 DNA，那么差异就远大于 3%，而这不会让情况变得对我们有利。）在自然选择的进程中，微小的 DNA 差异可能造成许多情形下表现好坏的根本差异，包括资源竞争、应对寒冬,或者在遇到更强壮有力、有可能猎杀你的穴居人部落时，事先规划好逃生的路线。

现代人类是过去 4 万年里一系列密集的进化革新的成果，这些革新也许源自某个瓶颈。这是正在进行中的间断平衡，一开始发生在东非的某个地方。我们祖先的一个部落与其他人分开了。一组更有利的基因变异出现，从那以来我们就一直在传递这些基因。通过了这个瓶颈的人类在遗传上是一样的，这正是一个很小的种群里会发生的情形。过去 1 万年来我们变化得更快了，也许过去几百年来越发地快。我们喜欢觉得自己不受进化影响，超越了进化，但实际上仍处在激烈的进化过程中。我们只是一叶障目，不见森林。

人类群体在继续扩大。1965 年我去参观纽约世博会时，全世界有 30 亿人。现在差不多是 72 亿，是亿啊！如果出现有着新优势的新变异，它们最可能出现在撒哈拉以南的非洲，因为那里是当前新生人口增多的地方。这些革新到底会是什么？人类 DNA 的下一个重大革新会不会带来应对气候变化和处理来自各种设备的高速信息的能力？且拭目以待。

既然所有其他的人类都消失了，我们是不是也会被下一代更优秀的人类取代？是不是有什么超人就在下一个深时角落等着取我们而代之？想想前提条件：要以我们为基础产生一个新物种，在我们身上需要发生什么事，创造一个瓶颈或者隔离区域，好让一位创始者及其配偶栖身，与你、我以及我们的后代分道扬镳。在现代世界里,这种可能性很小,因为我们有着飞机、轮船和互联网。

环境很重要，人类跟其他物种一样，会受到偶然事件影响。要是我们没能建立起针对小行星的防御体系会怎么样？或者，要是发生大规模战争，所有跨大洲的交通手段都被摧毁了，又会怎么样？也许会有一个孤立人群与其他人隔绝足够久的时间，最终无法再杂交繁殖。听听各种英语方言吧，人群只要分开一点儿，说话方式就不一样了。更大程度的分离可能会带来其他的重大机遇，此类情形甚至可能会发生在地球之外，比如火星上的殖民地。我觉得，如果没有地理隔离，应该不会有新的人类物种出现，永远也不会。但这并不是说人类不再继续进化了，因为我们明明正在进化。

我们无法摆脱进化。基因组一直在收集变异，我们一直在进行性选择。人类是否偏爱与个子高的人交配？金发还是非金发？甜美、风骚还是粗蠢？所有那些时尚杂志和励志书籍，是不是让我们在慢慢产生更聪明漂亮的后代？我承认，我看过《五十度灰》系列的第一部，它告诉我们，理想的男人要年轻、有魅力、超级有钱。谁能想到呢？我忍不住好奇，这部分选择效果是不是会逐步把人类推得离伊凡越来越远。

聪明人是不是选择跟聪明人生孩子？这会不会有遗传成功方面的回报？他们是不是真的能生下聪明得多的后代，长大后赚更多的钱，慢慢在竞争中压倒其他家族？或者说这种智能其实是失败的性状？因为受教育程度高的夫妇倾向于少生孩子，万一发生不幸，剩下的能把基因传递下去的兄弟姐妹太少。或者受教育程度高的男人和女人生孩子比较晚，比起那些没有把大好的生育年华浪费在大学里的人，受教育程度高的夫妇生的孩子会不会生来就有更多问题，更容易受父母高龄带来的微小基因问题影响？

我记得喜剧演员史蒂夫·马丁的一个老段子，他问："你们记得地球爆炸的情景吗？记得吗？我们都是乘着巨大的宇宙方舟来到这个星球的。记得吗？政府决定不告诉所有的蠢人，因为他们担心……”他说话的声音小下去，观众很快意识到，自己被拿来当笑话里的“蠢人”取笑了。

比起某种超级聪明、在竞争中打败我们其他人的超级人类，更可能出现的是一个能抵御某种疾病的智人品系。未来人类必须经历的最重要的进化筛选，可能会与细菌和寄生虫有关。回想一下，在1918—1919年的西班牙大流感中，有5000万人死于某种小到没法看见、更不用说追捕和摧毁的东西。14世纪的黑死病可能杀死了2亿人之多。你和我都是那些碰巧有着能对抗这些致命病毒和细菌的基因的人的后代。

那些能够生存到未来的人，也许能抵御某些如今我们谁也抵抗不了的疾病。进化改变继续前进的方式还有很多种，不管具体怎样。那些能活下去的人，也许对牛奶有更好的耐受力。也许对牛奶的遗传耐受能慢慢帮助更多这样的孩子活下来，长大成人到生出自己的孩子。有证据表明，血糖水平特别高和特别低的人后代数目都更少。因此，微小的变化能够进入人群的基因库，这是正在发生着的事。

另有一种可能的未来与技术有关。我给大学生和公众做过许多谈话或讲座，我喜欢表演，喜欢说话，但最喜欢的是观众走到麦克风前面向我提问。一个常见的提问主题是人们所谓的“奇点”。据说计算机很快就会变得像人脑一样复杂（有些说法是在2029年），有人说从此以后机器将全方位超越人类，产生超级停车算法、减灾协调措施、法律条文、火箭科学，各种各样伟大的思想。进一步推想，人类必须对这种人工智能进行谨慎管理，因为不管怎样，未来这些头脑机器中的随便哪一个在思考和策略上每一步都会胜过我们。

瞧,我喜欢思考未来的宏大图景,跟大家一样喜欢科幻小说。但我很怀疑，这个奇点会不会以人类史上某个特殊时刻的形式出现。我这样讲是因为，必须有人为机器提供电力，必须有人象征意义（我怀疑到2050年或以后还会是字面意义）地往炉子里添煤。在21世纪第一个10年，我们拥有的移动电话数量已经超过了人口数量，尽管如此，世界上还是只有一半的人能用到移动电话。在有些偏远地方，有的人从来没有打过任何电话。就算会有奇点，一段时间里也影响不到他们。

有人说起1970年的电影《巨人：福宾计划》，它改编自1966年的小说《巨人》。故事中说，美国和苏联都用计算机控制他们那数量惊人的核武器。美国的计算机名叫“巨人”，是一座坚不可摧的堡垒,由自身的核反应堆驱动（这有什么难的？）。人们同意把两台超级计算机联接起来，变成一台新的巨型计算机，觉得这样会有助于预防麻烦（故事讲到这里，其实是指防止出现更多的麻烦）。你可以想象，事态变得糟糕之极。

有一种关于奇点的想法是，信息技术将发展到足够复杂，使我们能把人的意识上传到类似计算机的机器里。有些组织相信他们所谓的超人类主义。这样,人就能在某种意义上永生……除非拔掉插头。我有个朋友戴着一个脚环，上面有关于她死后

如何处置她的脑袋的信息。她希望把脑袋冰冻起来，相信未来某个时候，人们能把她死去的脑袋连接到合适的机器上面，使她的头脑起死回生，或者设法下载她存储的意识。她的脑袋存储公司有个网站声称，他们的冷冻系统从来没出过问题，自1976年以来就在运营。这当然万无一失，因为要做的事只是每3个星期加一次液氮而已。等等，液氮从哪里来？需要利用发电厂产生的电力来生产。在这家公司所在的密歇根州，电力主要来自燃烧煤炭。冷冻的人头不会遇到什么问题，除非电网断电。

与此同时，普通人会生出孩子，孩子们会找到许许多多更有趣的事可做，胜过跟电子大脑机器里的死人交谈。大多数这些孩子会生在发展中国家，往往离那些了不起的未来大脑技术中心非常非常远。当然，正如我经常说的，我可能是错的。将来有可能设计出巨型机器，有效地负责整座城市的运作，尽善尽美地完成工作。未来有一个巨脑指挥着下水系统、太阳能系统和交通系统，这种情形并不难想象。不过我相信，就算奇点机器在实验室里调试通过，性爱和抚育孩子仍将是大多数人把基因传递下去的主要方式。

如果你愿意设想一下人类进化的科幻前景（猜想是很有趣的，干嘛不呢？），还有一个因素更加合乎情理，并且也许不可避免，那就是遗传工程。医学专家已经快要能够确保你的孩子不会患亨廷顿氏症或者扁平足。今后有没有可能让婴儿天生更聪明，或者成为更好的棒球选手？能不能在卵子与精子融合之前在培养皿里操作，做到所有这些？这样的事是否合乎伦理？

更重要的是，如果我们造出更聪明的人，他们能适应社会吗？

遗传工程制造出超级人类，此类科幻故事几乎都是悲剧结局。超级人类会造成太多麻烦，通常是因为他们适应不了我们。在现实世界中，这类问题会逐渐显现，很有可能伴随着大量争议。作为选民和纳税人，我们每个人都可能要做一些有趣的决策，来决定在医学中有哪些事是可以做的。将来也许会出现遗传改造人，通过非法的遗传工程技术产生。非法克隆人应当拥有什么样的地位？我们对此了解得越多，做出的决策就会越好。

作为对比，我在寻找老派的达尔文自然选择带来的巨大改变。什么样的性状会使一个未来的人类婴儿拥有某种优势，让他们长大后能生下了不起的孩子，这些孩子能有出类拔萃的事业，吸引类似优秀的人与之交配？我听很多女性说，她们喜欢有幽默感的男人。出于某些原因，我挺喜欢这个说法。未来的男性是不是说话有趣但长相不滑稽，利用超凡的幽默感赢得伴侣？他运用讽刺的能力会不会好到女人为他疯狂着迷、使他得以疯狂交配和繁殖后代？很多现在和以前的单口相声演员希望会是这样（其中有些人对此深信不疑）。或者说未来的理想男性应该拥有傲人胸肌，女人觉得这性感极了，于是他得以不断交配？

另外，女性最性感的特征是什么？这个问题并不难。男人无须对此畏缩，害怕自己做出不正确的评论或者表情。在我看来，女人最性感之处在于微笑。如果一个女人不笑，或者笑得不好看，男人不会对她感兴趣。他们会寻找其她笑得好看的女人。微笑

代表着什么？健康的牙齿，专注力，迷人的眼睛，感到快乐的能力，所有这些都显然是可遗传的性状。与一堆冷冻人头相连的漂亮计算机，对这些是起不到什么影响的。

微笑来自内心深处。如果不是发自内心的笑，我们能分辨出来，虽然不是有意识地分辨，也经常不是马上能分辨出来。未来世代的女性是不是会笑得特别好看，因为好看的微笑更有可能吸引男人在她们成功生育后给予支持、确保她和这个男人的基因都能成功传递下去？还是说女人在生孩子时更加强韧，她的基因就更有可能传递下去？还是说只要某人生活在阑尾切除术非常普遍（我就做了）的工业化社会，不管他有什么基因都会更好地传递下去？

另一个问题是：任何明显的遗传性状，不管好坏，如果出现在能得到有效医疗的人群里，都会传递下去。医疗能解除某些选择压力，还可能带来其他的选择压力。未被选择的基因得以传递下去，主要是因为社会或部族留给未来的成员数量要多得多。这些效应是否强到能在未来的详细研究中显现出来？它们会不会对人类进化造成总体上的明显影响？

不管人类的未来怎样，我都非常希望，我们仍然是一体，属于同一个物种，这个物种拥有足够的智慧，可以把其他人类和生物保存下去，包括全世界的伊凡和维普们。我希望我们能继续利用自己巨大的大脑，去理解和欣赏我们成为地球首要物种的奇妙过程，我也希望这个地位能保持下去。

# 34 天体生物学的提问：有人在吗

我清楚地记得，9 岁时的一天，我躺在华盛顿特区我家前院的草地上，天空是漂亮的蔚蓝色。我父亲痴迷于观星，这是第二次世界大战期间他在战俘营里仰望天空的岁月遗留下来的影响。他有几次让我用他的旧望远镜看，这经历给了我一种模糊的感觉：在光线遥远的那一头必定有其他的世界存在。那天我刚刚去过国家美术馆，看到了梵高的一些画作，他笔下的天空往往不是蓝的，这让我很好奇。我想啊想啊，记得当时想象过另一个像我一样的男孩生活在另一个世界里，那里的天空是什么样？会是绿色吗？还是粉色？

曾经的童年白日梦，如今成了进化科学的下一个前沿领域。自 1995 年以来，天文学家已经发现了近 2000 颗围绕其他恒星运转、被证实存在的行星，其中有些的大小和质量与地球相似。有 20 多颗这样的行星位于宜居带，也就是说，行星与其恒星的距离使得行星表面温度适宜，我们这样的生命有可能生存。大致推断起来，银河系里大约有 500 亿颗宜居行星。如今有一整个科学领域在研究群星之中的生命，称之为天体生物学。

探讨其他星球上的生命，实际上就是探讨一般意义上的生命，相当于问“具备什么条件才能称为生命”。这迫使我们重新考察迄今讨论过的所有进化理念，自下而上。在最基础的层面，生命显然需要某些类型的化学物质。设想中任何有可能实际存在的生物都必定由原子和分子组成，就像你、我、鸟儿和树木一样。（当然，科幻小说里有纯能量、暗物质或其他奇怪的东西组成的生命，但不属于这里所说的硬科学猜想。）接下来，情况很快就不那么明确了。

在我的学生时代，人们一般认为，为了生存，必须要有阳光。现在大家都还同意，生命需要某种形式的能量，阳光就是一种很好的能量，不过科学家现在明白，它不是唯一可能被生命利用的能量形式。在我有生之年，人们发现了海底热液喷口的生态系统，阳光没有办法到达那里。科学家在亲眼看到这些系统的动力来源之前，完全没有想到过还有这样的情形存在。那里的动物依靠特定的细菌，帮助代谢硫化氢和水里的化学能，以及海底升起的热液喷流中的大量热能。细菌产生化学物质，供养大型管虫、亮白色的螃蟹和非同寻常的巨大贝壳，维持大家的生存。

近年来，深海热液喷口得到了广泛研究。现在看来，那里的生物似乎诞生于海洋表面，有可能全都是海洋表面生物的后代。在生命之树上，它们位于其他贝壳、螃蟹和蠕虫的右方或下方。如果确实如此，这一发现就表明了一件重要的事：生命的生物化学机制足够灵活，可以从一种能量输入转为另一种。但这个过程必须有一个开始。要让我们所知的整个生命代谢过程运转起来，化学物质需要一些初始的能量输入。生命也许诞生于温热的海洋中，升上了海面。研究人员正迎难而上。

根据一种特别有说服力的假说，初始能量输入是紫外（ultraviolet）波段的电磁辐射。要告诉拉丁语爱好者的是，ultra在拉丁语里的意思是“之上”，因此紫外是位于我们的眼睛能看到的紫光之上的一种能量水平。紫外假说指出，探究生命起源至少有两种方式。其一是观察研究气候的计算机模型，特别是研究恒星演化的计算机模型，看看地球是否曾经沐浴在太阳早年的紫外线中，譬如说35亿年前。其二是研究海洋热液喷口生物的基因或DNA，看看里面是不是有什么东西能提供其起源的线索，以及其祖先利用紫外线进行早期代谢的线索。如果事实表明这是真的，就意味着如今这些生物也起源于海面上，后来迁徙到了海底。这是一项非常有意思的研究，它告诉我们应该怎样在其他世界里寻找生命，也许会帮助发现其他星球上的生命。

今后人们还可能做更多实验以研究生命起源，直接在实验室里再现自然的实验，合成出能够自我复制的分子。到时候就会自然而然出现这样一个问题：它算是活物吗？

不管我们是要在自然界中寻找新的生命形式还是自己创造生命，有一种东西是必不可少的，那就是液体。生命从分子中

汲取能量时，或者利用分子让其他化学物质各处运动时，需要利用溶剂来把分子从一处运到另一处。天体生物学家研究了各种可能支持生命的液体：氨、氯、液态甲烷、不同类型的酒精，等等。他们观察这些物质在不同温度和压强下的特性，最终还是回到了水这里。它是一种非常有效、非常稳定的溶剂，还有一个优点是非常丰富。

我们的太阳系里有很多水，只要你知道上哪里去找。木星的卫星木卫二那巨大的水冰外壳之下，有着盐水的海洋。小行星通常由大量的冰组成，巨大的小行星谷神星——现在已经由于太大而被重新划分为矮行星（哎，这名字真矬）——的表面似乎由湿润的黏土组成。我们很快就会知道到底是不是这样，因为曙光号[1]探测器 2015 年会到达那里。冥王星和它的卫星冥卫一，还有更小的卫星冥卫二、冥卫三、冥卫四和冥卫五，肯定都有丰富的冰。将于 2015 年 7 月 14 日飞越冥王星的新视野号[2]探测器也会带来重大新闻。在海王星轨道以外拥挤的天体组成的柯伊伯带区域里，可能充满了冰冻的水。另外，我不愿意把冥王星当作最后一颗传统行星，而喜欢把它想成一类新天体中的第一个，这类天体称为类冥天体。甚至看起来最不

[1] 该探测器由美国国家航空航天局于2007年发射，已于2015年3月进入环绕谷神星的轨道。它的观测显示，谷神星表面某些区域下方有着冰与盐的混合物，并有水从内部泄漏到表面。——译注

[2] 该探测器由美国国家航空航天局于2006年发射，按预定计划于2015年7月14日飞掠冥王星，成为第一个探索冥王星的航天器。目前获得的数据显示，冥王星上存在大范围的冰川活动。——译注

可能的地方也有水，在灼热的水星上，北极地区寒冷阴暗的陨石坑里也有着水；月球极地陨石坑里有冰霜。

不管怎样去设想其他星球上的生命，都会马上面临一个精彩的进化问题：外星生命能与我们有多么不同？你会想到它没有 DNA，或者是有呢？它也许没有细胞膜和代谢化学能的细胞器，或者是有呢？如果有外星生命，它们也许不会有四肢末端的 5 根手指或脚趾，或者是有呢？它们也许不会有一个主要由水组成的大脑，并与化学、立体声听觉、多通道触觉和立体光学感受器（味觉、嗅觉、听觉、触觉和视觉）紧密相连，或者是有呢？进化过程是会朝着通用的设计方案和解决方案趋同以应对生命中的偶然性，还是说一切都会不同？

如果太阳系其他地方有生命，它可能会与地球生命有许多共同之处。想想 6600 万年前恐龙灭亡时撞击地球的那块大陨石，它激起了巨大的岩石和尘土云，其中有些物质完全脱离地球，在太阳系中漂流。别的行星上也发生过同样的事。在几十亿年时间里，行星之间交换了许多物质。这并不是猜测，而是事实，行星科学家已经在地球上找到了火星和月球的碎片，还可能辨认出了来自金星和水星的碎片。生命有没有可能从地球到达火星，或者反过来？这种跨越行星际甚至恒星际空间运送生命的观点称为胚种迁移论。

我们太阳系的其他星球上，也有可能存在着完全不同形式的生命。如果是这样，人们就可以研究这些生命，从中获取关于进化的本性和过程的非凡见解，这类发现可能使我们作为地

球公民的信念发生重大改变。但要做到这样，我们就得发送飞船和研究人员去调查研究，还要格外小心，避免相互之间的污染。与外星生命打交道，是一件非常精细的事情。

科学家和外行公众看待这个问题的态度越来越认真。美国国家航空航天局的勇气号和机遇号漫游车于 2004 年 3 月登陆火星之后，发回了有关火星上曾经到处都是水的决定性证据。当时，英国著名的博彩公司（如立博和威廉希尔）停止接受能不能在火星上找到生命的赌局投注。2004 年，这个赌局赔率收于 16 : 1，而 40 年前是 1000 : 1。立博公司还曾经赔付给一位绅士 10000 英镑，后者只投注了 10 英镑，赌人类能在 20 世纪 60 年代末之前登上月球。这种赌博不仅仅是民间的娱乐，还体现了政府或商业太空公司在搜寻地外生命的问题上能得到公众多少支持。身为行星学会的会长，我希望这种热情能持续下去，使寻找确切答案所必需的探索任务得以实现。

在此，我希望你问问自己 :“要寻找外星生命，最合乎情理的地方是哪里？”作为地球人，我们忍不住会想到金星和火星。从天文学上说，这两个天体与地球非常相似。它们与太阳的距离相似。地球直径约为 1.3 万千米，金星是 1.2 万千米，火星是 7000 千米，这两颗邻近星球都没有地球大，但对天文学家来说，它们与地球位于同一量级——四舍五入一下，这 3 颗行星的直径都在 1 万千米左右。地球每 24 个地球小时转一圈。金星需要 243 天，但火星自转一圈大约需要 24 小时 40 分钟。火星上的一天差不多跟地球上的一天一样长。

人们对火星的了解正越来越深入。在我写下这一段文字时，机遇号仍在火星上漫游。它的设计工作时间是 90 个火星日——3 个月而已，但 10 年后的现在它还在工作。这就像是买了一辆 3 年保修的车，发现它在路上跑了 120 年还不需要保养、换机油、换轮胎和刹车片。你交的税派上了用场，这是一个绝好的例证。同时，更新、更大的好奇号漫游车正在努力探索火星的另一片区域。

金星是一个岩石球，从我们这里看着很棒。在我小时候，充满了迷人的金星女性的科幻电影随处可见。更早些时候，有些科学家曾认真地想象，金星是一颗雾气朦胧的丛林行星，上面生活着类似恐龙的生物。然而近距离观察后发现，金星完全不宜生命栖居。它的表面很热，热得不得了，大约在 460 摄氏度，足够让铅熔化，钓鱼用的鱼坠会变成一小摊闪亮的金属。金星之所以这样热，是因为它有一个充满二氧化碳的浓密大气层。正如人们经常说的，这是失控的温室效应导致的。事实上，在开发地球气候变化的模型时，就有研究金星大气的科学家参与，特别是詹姆斯·汉森。科学家观察到，可见光穿过大气到达金星表面，以热的形式再辐射出来，然后被二氧化碳锁住。这个过程对于一颗行星是否宜居有重大影响。

金星大气中的二氧化碳，是金星岩石中含碳的化学物质（碳酸盐）受热后释放出来的。由于温度太高，氧元素逸出，与空气中的碳元素结合。金星上曾经存在过的水都与硫结合形成硫酸 $H_2SO_4$，构成了金星上的硫酸云。在金星上会下酸雨，但雨滴从来不会落到金星的地面上，因为环境温度太高，雨滴还没落地就重新蒸发了。金星的环境简直就像地狱。苏联曾有几个探测器在金星上着陆、观察四周，但其中最顽强的也只坚持了两个小时。这不是一个寻找生命的好地方，虽然有些研究者提出，喜硫的微生物可能在金星的云层中生存。

火星的问题正与此相反。它的大气稀薄，表面非常寒冷，从地球上用望远镜就能看到火星上的冰冠。那里有不少水冰，但火星南北两极的巨大冰冠绝大部分是冰冻的二氧化碳（干冰），这意味着极地的温度至少低至零下 130 摄氏度。凝结形成冰冠的水蒸气和二氧化碳曾经是火星大气的组成部分。以地球人的观点来看，火星的大气实在算不上什么大气，气压只有地球表面气压的 0.7%，但这已经足够产生风和有趣的天气现象。机遇号漫游车有时候会往山坡上开，到比较高的地方，那里的风和静电条件适宜把车上的尘土吹走。这不是一项寻常任务，它做出了一些重大发现。

正在进行的探测显示，火星表面曾经布满湖泊、溪流和辽阔的海洋，好奇号漫游车着陆的地方显然是一处干涸的河床。人们忍不住要想，30 多亿年前火星上到处都是水的时候，有没有生命存在？在免受极端气候条件和宇宙射线影响的地下区域，火星细菌能不能生存到今天？在漫游车所能到达的开阔地带里，发现了有水存在的证据，但看起来目前那里并没有生命。不过要记住，我们的技术有很大局限，行星科学研究的经费体现了这一点。以现在的技术和投入，人们只能让探测飞船在火星表面的开阔地带着陆，还没有能力把着陆区域缩小到足以确定精确的落点。在寻找生命或生命迹象方面，这是一个实实在在的限制。想象一下，你要在地球上寻找生命，但技术上的局限使你只能在大盐湖上或撒哈拉沙漠里着陆，这样你就可能找不到多少生命迹象，除非朝着正确的方向开上几百千米。

凤凰号[1]着陆器于2008年在火星表面着陆，它的发现给在火星上搜寻生命的事业增加了一些有意思的转折。凤凰号落在北极地区一层薄薄的砂土上，就在表面之下仅仅几厘米的地方，有一片巨大的冰盖，其成分是水冰。这片冰盖显然在地表以下朝四面八方延伸得很远，要是那里有生命存在，说不定跟地球冰盖之下的几种细菌相似，情况会怎样？正如人们在地球上所见，生命一旦产生就极其顽强。如果早期的火星足够宜居，也许生命的进程在30亿年前就启动了，从未停止。

身为行星学会的会长，我经常鼓吹大力投资于在火星上寻找生命。想象一下，如果我们能造一艘飞船，让它在火星赤道附近的山谷和沟壑里着陆，在晴朗的火星夏季白昼，那里的气温也许能在水的冰点以上。再设想有一辆漫游车，能从主飞船上脱离，开到沟壑边缘，系在绳子上往下降，就像登山者用套索下降那样，落到冰冻的露头岩层或地层上。上午10点左右的阳光直接照在冰上，用套索降下的机器人携带的仪器，可以非常非常接近地观察。要是它们找到了活的生物呢？要是在我们那极度冰寒的邻居行星上，真的有火星细菌在竭力生存呢？

---

[1]　由美国国家航空航天局于2007年8月发射。——译注

回答这些问题的代价并不高昂，如果在更宏大的背景下来看的话。目前，美国每年在行星科学上的投入不到 15 亿美元，换句话说就是不到联邦政府预算的 0.05%，而这包括了所有的探索任务：火星、水星、木星、土星，以及正在前往遥远冥王星的新视野号任务。要是把经费增加 10 亿美元，在火星上找到了生命，会怎么样？这将是一项了不起的投资，成本折算下来对每位纳税人来说还不到一杯咖啡的钱。如果总统、国会和美国国家航空航天局的管理者专注于这样一件事，将有可能改变人类历史的进程。

对木卫二进行探测也是如此。它是木星的 4 颗大卫星之一，直径为 3100 千米，只比月球略小，但完全是另一种模样。人们对 2011 年伽利略号探测飞船发回的数据进行了仔细分析，结果清楚地显示，木卫二布满裂痕的表面冰盖之下有着盐水的海洋。用于探测到这个海洋的工具是磁力计，它是一种非常灵敏的电子指南针。盐水能导电，从而影响木卫二的磁场。这些水没有冻结，因为在木星强大引力场的作用下，木卫二轨道的进动使整个星球在不同的轨道上挤压和放松。机械变形产生的热量使木卫二维持着液态的海洋。这就像把没吹气的气球拉扯几十次，贴在嘴唇上就能感受到温热。试试看！

自从发现木星冰层下的海洋以来，科学家和工程师们讨论了怎么去探索这个海洋。如果那里真的有液态水，而且真的足够温暖，在过去 45 亿年里都保持液态，就可能有生命存在。人们制订了一些计划，比如建造飞船在木卫二表面着陆，然后释放足够强力或炽热的机械或热力钻头，能穿透厚达 50 千米的冰层。它会用绳索与上面的着陆器相连，并携带仪器寻找人们设想中的木卫二生命迹象。这个任务将令人极其兴奋，但成本也将极其高昂，肯定要花很多个 10 亿美元，在技术上将面临巨大挑战。而且特别重要的是，任务执行过程必须极端谨慎，以免违反科幻小说的“最高指导原则”。也就是说，绝对不能从地球上带去细菌，以免污染木卫二上可能存在的生态系统。

2013 年，人们取得了一些令人激动的发现，有可能大大简化在木卫二上寻找生命的任务。科学家将哈勃太空望远镜对准木卫二，发现有海水水柱从冰盖的裂缝里喷射到空间中。如果木卫二的海洋里有细菌，甚或几厘米长的生物，它们就有可能随着水柱喷入黑暗的太空。人们可以设计一艘飞船穿过水柱，捕获足够多的水，进行显微和化学分析，寻找水中可能存在的生命。比起使用着陆器加钻头的任务，这样一个探测任务的成本很低，而且完全不会有地球微生物污染木卫二微生物（如果存在的话）的风险。这个提议中的任务称为“木卫二快速帆船”。

同样的挑战等待着土卫二。它是土星的卫星之一，比木卫二小得多，直径只有 500 千米，但也拥有一个（较小的）由水组成的海洋，位于厚厚的冰层之下，而且南极区域喷射出来的水柱更大。这是用快速帆船任务寻找生命的另一个目标。

不知道你怎样，我自己很容易设想出某种值得投放到深空中的透明平板，安置方向大致与飞船飞行方向垂直。随着快速帆船穿越水柱，水里的生物可能会附着在平板上，就像撞在汽

车挡风玻璃上的昆虫。（不算完美，但能做到的最好情形可能就是这样了，毕竟在轨道上运行需要速度。）然后，利用平板上携带的、有合适光源的显微镜照相机，地球人也许就能窥见地外世界的生命可能是什么样子。更精巧的设备甚至可能提取木卫二（或土卫二）的冰块样本，带回地球进行更详细的研究。当然要格外小心，不管在哪一头都不能发生污染。把税金投在这上面的价值是：这将是一个破天荒的试验，世界历史上从未有过这样的事。

如果我们去木卫二或者土卫二，或者对火星进行更大胆的探索，就会遇到一个有关地外生命的更高层次的问题：如果看到了地外生命，我们能认出它来吗？答案需要回顾我们对生命本质的理解，不止是能量需求以及对水的可能偏好。地外生命会怎样管理化学物质复制自身所需要的化学反应？已知有一种管用的办法是，利用已经溶解在水里的化学物质的化学性质提供能量来让物体移动。但生物需要让不同的化学物质保持分离，不然生物内部的所有东西都会混合起来，搞得乱七八糟。因此我们认识到，生命需要一个容器或一层膜，要有墙来确立哪些东西属于内部，哪些属于外部。简单地说，其内部可能大不相同，但外面看起来可能会很像我们熟悉的细菌或单细胞生物，至少沿着合乎逻辑的思路推理下来是这样。

能形成膜的生物，比起不能形成膜的其他分子，可能有着一个巨大优势。膜使生物能利用外部原子上电子的吸力和斥力来推拉移动分子。试试我在第 12 章说到的渗透实验，它对其他星球上的化学系统也一样适用。

在其他星球上寻找水的证据很简单，寻找膜则要复杂得多。回到木卫二的例子上，假设我们造出了木卫二快速帆船，它飞越了木卫二喷出的水柱，取得样本返回地球。但就算是这样，我们怎么能知道？我们怎么能在喷出的水中寻找膜？一种想法是寻找地球生命细胞膜里的那些原子。在地球生命里，膜的特征元素是碳、氮、钾和钠，这是一个切入点……除非木卫二生命形成膜的方式与此完全不同。那样的话，怎样才能找到呢？如果你喜欢思考这类问题，不妨考虑去当天体生物学家。

对火星来说问题会简单一点，因为它离我们的距离近得多，而且有更简单的、与地球相似的岩石表面可供探测。今后，人们将继续在火星上寻找生命的迹象，如果能把合适的仪器送到盐度超高、露出表面的泥层，就有可能找到火星微生物化石的证据，甚至可能找到一些仍然活着的东西，直接用显微镜观察。

想一想，假如某个遥远天体正在向深空中喷吐某些迄今未知的生命形式，假如有生命藏身在火星的某块岩石上等待被发现。如果那些生命与我们相似，会怎么样？如果完全不同，又会怎么样？不管答案如何，这类发现都会改变我们对生命的看法。它将告诉我们，生命诞生和进化有哪些不同的路径。它将在历史上首次给出坚实的证据，表明人类在宇宙中并不孤独。

我在更加奔放地猜想时会走得更远，想象木卫二冰层下的海洋里有生物在游泳，不仅仅是微生物，还有大型的复杂生物。如果木卫二的海洋里真的有一个完整的生态系统，并且存在了很长时间，足以形成一些与地球上多细胞海洋生物相似的东西，我觉得它们的外形应该像鱼。对我来说更加合乎情理的是，任何生物（鱼、鸟或者果蝇）的感觉器官都应该集中在一个类似脑袋的东西上面，运动用的肢体与脑袋相连，等等。

换句话说，如果外星生物的身体结构与我们差异不大，我不会感到惊讶。我不知道我或者随便什么人有没有机会见到这样一个生物，但它对趋同进化理念将是一个重大考验。我们从外星生命那里能学到什么？答案有可能令人震惊。我们很快就会弄清，生命是否必须要有一种遗传密码、一种细胞膜、类似的肢体和类似的感觉器官。自然也许有着我们想象不到的可能性。但生命也有可能像陨石坑和火山一样，只要能够产生，看起来就都很相似。

如果不是因为探索人类的来历如此令人神往、人人都能感受到其中的魅力，上面这些想法将只不过是些晦涩的沉思默想。比起寻找进化在其他星球上也发生过的证据，再没有更具戏剧性的方式能够检验和扩展我们对进化的了解。这个问题的答案将催生新技术，激励未来的科学家，并给人们对这个问题的实践理解或哲学理解带来革命。

# 35　点燃一切的火花

查尔斯·达尔文在《物种起源》中广泛讨论了进化，但刻意回避了容易引起争议的、关于生命起源的猜测。他对此的评论局限在全书最后一章接近末尾处的单独一句话："因此，我必须通过类比得出结论说，所有在地球上生存过的一切生物，都是从某种单一原始类型衍生出来的，生命首先诞生于该原始类型中。"但这个问题令人无法抗拒。我们从何而来，点燃生命之火的火花是什么？如今，许多科学家正在进行达尔文所不敢想的冒险，且让我们参与其中，回到最初去讨论……最初。

提出这么个大问题，很像是问"是否有神在掌管一切"，然而两者有本质区别。生命其他那些曾被人们当作神圣的方面，现在都在进化科学的背景下得到了优美和透彻的解释。在我看来，没有理由认为生命的起源会有什么不同。我是个头脑开放的人，对宗教也并无恶意，但宗教解释不能让人满意，没法给

我带来什么启发。不管你相信还是不相信宗教解释，情况就是这样。有关生命起源的科学理论会接受疑问、检验、修正，或用更富见地的新理论替代。一条路通往死胡同，另一条路则会带来激动人心、没有尽头的进步。

我在康奈尔大学工程学院读书时，不时地晃荡到空间科学楼去。我的好朋友约翰·奥尔森热衷于自行车运动，对天体物理学极感兴趣，经常拉我去空间科学楼参加座谈会、小型的研究生交流会等。就像约翰经常说的那样，这帮人讨论的东西太狂野了：黑洞、宇宙的中心（或者没有宇宙的中心）、能量产生、恒星中新元素的合成，诸如此类。卡尔·萨根、基普·索恩和汉斯·贝特等人会来参加会议。在这幢并不特别好看的炉渣砖大楼里晃悠，真是一段美好时光。有一次我晃悠到一间实验室里，我很确定是在3楼，出现在面前的是一大堆妙不可言的玻璃器皿和管道，把一些装着不同气体的巨大金属瓶与屋子中央的一个巨大的球形长颈瓶连在一起。这是某个版本的米勒-尤里实验，正急切地闪着火花。

等等，容我暂且回溯一下。这些实验设计最初是由化学家斯坦利·米勒和哈罗德·尤里在20世纪50年代提出、设计并运行的，用于模拟原初时代地球上的环境，也就是30亿至40亿年前生命刚刚诞生的时候。这个实验的目的是，看看能不能只用非生命的化学物质来造出生命。

你知道这个实验造出了什么吗？没造出生命，但造出了一些跟生命同样引人注目的东西。这些化学物质生成了一些重要的化合物：几种氨基酸，生命的重要化学成分。氨基酸是组成生物的基础构件，它们连在一起构成蛋白质，后者负责生物学几乎所有的运作。简单地说，酸是能够给予或“捐赠”一个质子给其他原子或分子的化学物质。酸可能很古怪，或者很致命，但也可能清淡温和，像沙拉酱一样。

说到氨基酸，它们的中央都有一个碳原子，一头有一个碳–氧–氧链。碳有一个了不起的属性，就是它有4个位置可供其他化学物质附着，即有4个所谓的“键合点”。在氨基酸里，其中一个键合点是一串原子：碳–氧–氧。这串原子单独存在时称为羧酸，与其他分子相连时则称为羧基。在氨基酸里，中央碳原子的键合点之一是给羧基的，另外3个分别带有的原子配置包括碳、硫、氮，尤其是氢。

我之所以讲得这么详细，是因为只是这样就行了，认识到这一点非常令人震惊。天然氨基酸只有20种左右（关于生命使用了多少种氨基酸，这一点存在争议，但最多也就20几种），它们都来自几种不同的原子组合。氨基酸形成所谓的肽，后者连在一起构成多肽，形成蛋白质。蛋白质负责细胞里的绝大部分工作，它们建造结构、进行新陈代谢、调节化学反应，事必躬亲。在几种版本的米勒–尤里实验里造出了这些氨基酸，实际上，这些实验不仅造出了天然氨基酸，还造出了几种额外的、非天然的、化学配置合理的氨基酸。这实在令人吃惊。只是5种元素而已，看看它们形成的所有这些生命吧！

为了造出这些化合物，米勒和尤里必须推断出原初地球大

气和海洋的成分。如今的生物学家拥有几十年额外知识的优势，一般认为他们两人大约过于谨慎了。米勒和尤里在巨大的玻璃瓶里装上天然气体（或甲烷）、水蒸气和氨，用化学式表述就是 $CH_4$、$H_2O$ 和 $NH_3$，然后给实验装置施加火花。他们合乎情理地认为，原初的雷暴中应该发生过这样的事。但有一种关键的元素缺失了，他们没有提供硫的来源。

可以确信，年轻的地球上到处都有喷发的火山，喷出臭鸡蛋气味的硫化氢。对如今我们这样的动物来说，硫化氢是致命毒物，但在久远的古老时光里，它可能催生了一种重要的氨基酸，那就是半胱氨酸。硫化氢对早期生物来说可能还有充当原始能源的作用，直到现在，在深海热液喷口附近也有靠硫化氢运转的全套生态系统。就像我喜欢说的那样，一种生物的垃圾是另一种生物的宝藏。

神创论者通常否认米勒 - 尤里实验，他们说，认为生命诞生于化学物质、未曾被注入某种神圣力量，这样的理念是荒谬的。我觉得这很有趣。神创论者否认这些实验结果的一个理由是说，这样产生的氨基酸数量太少，因而无足轻重。大错特错！不管基础生命分子有多少个，它都比零要多上无穷多倍，是无穷多倍。生命的起源只需要一点原材料，使生命的火花得以产生。进化是一个强有力的放大器，一旦一个自我复制的系统得以建立，它就有机会搜索周围的环境以寻找资源，有系统地制造更多的自身副本。在原始地球没有竞争的环境里，10 升容积的 0.79%——这是米勒 - 尤里实验里的氨基酸浓度——就可能足以点燃生命之火。

由此开始，神创论者称之为“从分子到人”的理念就非常合理了，因为35亿年的时间足以发生很多事。这一过程经常称为无生源论（从无生命到有生命），它至今仍是地球生命起源的主流理论。你和我可能就是这么来的。顺便说一句，有段时间人们用无生源这个词来描述一种假想的伪科学现象“自然发生”。例如，藤壶似乎就是无中生有地长出来的，但这只是因为那些人在观察时没有用放大镜。藤壶幼虫非常小，但能长成外壳很硬的生物，它们一直存在于海水里。成年藤壶之所以看上去是自然产生的，因为只是人们观察得不够仔细。

生命有很长的时间和巨大的空间可以运用，记住这一点很重要。米勒-尤里实验用的是实验室烧瓶大小的系统，地球表面的空间比这要大出1万亿倍。这项实验运行了两个星期，地球生命大约有10亿年的时间可用。而且我怀疑这些实验遗漏了一个关键因素，也许是重要的电磁场，或者电能，或者化学能。如果我们弄明白了遗漏的到底是什么，就能制造出能够自我复制的分子，哪怕只是造出粗糙的副本。原初地球的条件是什么样，我们不了解的地方太多了。而且，现在的地球上有什么东西在阻止真正的自然发生呢？这问题值得思考，是不是？

率先完成完整人类基因组测序的科学家克雷格·文特尔采取了一条截然不同的路径，声称已经造出了人工生命。他和他的团队分离出或说捕获了一种细菌，确定了其基因序列，然后造出合成DNA或说全新的DNA并植入这种细菌，将它变成一

种全新的菌株。它疯狂繁殖，产生了数以十亿的新型人造细菌物种成员。文特尔的目的与米勒和尤里不同，他并不追求完全利用化学原材料来制造生命，至少到目前还不是，但结果依然非常了不得。

文特尔的短期计划有着实用主义的目的：造出能够产生可再生燃料和新型药物的人造细菌。搭建一段合成DNA非常麻烦，不过万里长征总有第一步。同一批科学家在此之前7年已经造出了一种人工病毒，他们将自己设计的基因组植入一个活细胞（一个细菌），果然这个细胞被植入的基因序列指引着开始产生该序列的副本。这是一种人工病毒，无法独立生存，但能诱导活细胞制造其副本。我得说，这就跟天然病毒一样嘛。顺便说，文特尔研究所受到了严格监管，确保在伦理和微生物安全方面都可靠。

自米勒－尤里实验以来，科学研究又走了很长的路。研究者们观察了冰雪中复杂碳基分子的生长；研究了强碱性黏土的化学性质，这样的碱性可能产生化学反应，给一个原初的分子足够的电刺激，使它开始复制；还探究了以核糖核酸（RNA）分子为基础形成早期生命的可能性，RNA是DNA的亲戚，形式更简单一些。

不久前，麻省理工学院物理学家杰瑞米·英格兰领导的一项研究显示，生命可能是自发产生的，是物理过程的结果，具体地说是热力学的结果。英格兰教授认为，分子会以它们能达到的最高能效的方式进行自我组织。分子可能被驱使着寻求热力学平衡，导致了生命的诞生。这个理念非常疯狂，也非常令人信服。

研究者们甚至努力探究了生命诞生于其他某颗行星（合理的推测是火星）、以某种方式穿越星际空间到达地球的可能性。另外，我们真的能把非生物与生长得特别特别慢的生物区别开来吗？就算这些生物会字面意义上在我们腿上咬一口，尽管只是在显微水平上？是的，也许它会有细胞膜，但不幸的是，有许多微小的非生命体也是圆形或杆形，就像细菌似的。

地球生命的最初30亿年，从自我复制的分子到化石大到可以让人看见的寒武纪，人们对这个发展过程还不太了解。如果找到了类似地球自身原始生命的、细微柔软的东西，会怎么样？我们能认出来吗？

我记得很清楚，我哥哥放学回来后这样发问：病毒是活的吗？它们有生命吗？你可以把病毒扔在瓶子里过很多年不管，然后它们还能跳出来开始做惯常会做的事。如果有其他生物在，病毒就能疯狂繁殖。它们会变异，会与其他细胞相互作用。但如果没有别的生物，它们就以某种静态形式存在。哥哥和我进行了一番旷日持久的讨论，得出了显而易见的答案：也许吧……

从人类位于进化时间线上的位置看上去，病毒无疑会繁殖，会诱导细菌来为它们进行繁殖。细胞脱离环境不能生存，不管是什么细胞，它们需要漂流在化学培养液里，或者固定在靠近毛细血管的地方。因此从这个角度来看，病毒是生物，只不过它所必需的不是周围的化学营养物质，而是其他生物。病毒必

须生活在细胞内部或细胞之间——生活在其他生物中，因此我们称之为专性寄生物。

然而，一批有组织的化学物质要能算作生物，需要什么条件？天体生物学给我们提供了一些启发。一般地说，生物应该有膜，能繁殖，并能在内部维持稳定的化学平衡或者稳定状态。在生物学上，我们对生物的定义是，要能够维持平衡，正式说法是内稳态（“保持不变”）。

细菌毫无问题，它们有细胞膜和细胞壁，能在不同的外界条件下维持新陈代谢，而且当然会繁殖。病毒算不算生物，取决于你怎么看待。病毒不会维持内稳态，在它们看来，干嘛要费这个劲呢？如果你的分子有能力在所谓的恶劣环境中维持其组织方式，干嘛要费劲去做别的事？既然你自己的系统运转得挺好，干嘛要把事情搞得复杂？在我看来，如果没有细菌域，就不会有病毒，不会有整个病毒域。因此，不管对地球生命怎么分类，都应该把病毒包括进去。

其实，病毒说不定是整个讨论的关键，因为它们可能揭示了生命最初是怎么诞生的。病毒分子结构是不是在自我复制的类细菌分子出现之前就存在？或者，病毒是不是一个副产品，是由最初产生自我复制分子的自然过程无意中带来的？病毒比细菌简单，这使它颇有可能出现得更早。

不过，也有一些特征使病毒看上去不太像最初的生命。一方面，与细菌（以及你和我）不同的是，病毒似乎没有共同祖先。在病毒的奇异世界里，没有其他所有生物用 DNA 来繁殖的类似体系。每种病毒都攻击特定的活细胞，或者附着在细胞上面，其特异程度有时高得令人惊奇。病毒发起攻击时不会与攻击的细胞交换基因，不会从细胞那里得到基因。病毒的基因进入细胞，这个过程绝不会反过来。因此，在这些重要的传统意义上，病毒不是活的。病毒看起来是在自我复制、能维持稳态的生物（确定无疑是“活的”）出现之后才诞生的。但我们要面对这样的现实：病毒是我们这个世界的一个极为重要的组成部分。如果没有病毒，所有的生物都会与现在不同。

病毒在某种意义上是生命谱系的一部分，并在某种意义上与生命起源的问题有关联。人们仍在试图厘清生命之树那浓密的、相互纠缠的枝桠。仅仅是在过去 10 年中，生物学家才识别出一些巨型病毒，帮助达成如今的认识：病毒配得上被称为第四个生命域。越努力探索生命起源，出人意料的发现就越多。这些发现使我们一直在想：“自然母亲啊，你还有什么秘密不曾向我们揭示？”

# 36 生命的第二次创始

我是太空时代的孩子。1969 年，我蹲在一台黑白真空管电视机前面，看着人类第一次踏足月球。当我想着异种形式的生命，想着它会带来关于进化过程的什么启示，自然而然地是在想另一个星球上的事物。但有几位研究者（包括亚利桑那州立大学的保罗・戴维斯）提出了一种截然不同的观点。他们认为，异种生物——异种微生物——可能就存在于地球上，现在就存在着。如果他们是对的，那么人们就错过了理解生命起源的最重要方法之一。在我们能看到的地方之外，可能隐藏着另外一整棵生命之树。

有关第二种形式的生命在地球上立足的可能性，称为第二次创始。如果能找到第二种形式的生物，将改变世界。目前人们所知的一切生命都来自同一个范本，如果能够将两种完全不同形式的生物进行比较，就能通过实验弄明白 DNA 是否有替代品，是否存在其他类型的新陈代谢，以及全套其他类型的生物化学机制。其实际意义与科学意义一样令人难以置信。另外我很好奇，神创论者对此会怎么说？

我简直能听到你的反驳：生物学家都这么全面地研究了我们周围所有的微生物，地球上怎么可能还有未知的生物？呃，想想看辨认外星微生物所面临的挑战吧，这在地球上也是一样的。寻找新的微生物有两种基本方法：在培养皿中培养，或者进行 DNA 测序。如果它不吃其他微生物常规吃的任何东西，并且没有标准类型的 DNA（或者根本就不使用 DNA），就很容易从现代生物学的指缝间溜掉。

过去几十年来人们学到的一个重大教训是，地球上充满了出人意料的生物。在研究油井尾矿（钻头带起来的岩石和土壤）时，发现了由生长极为缓慢的生物组成的全套生态系统。这些生物存在的时间数以百万年计，从未见过阳光。它们仍然有 DNA，与我们有共同祖先，然而它们与生活在地表的任何生物都大不相同。

人们忍不住好奇，地底下还有什么？会不会存在一套我们对之一无所知的生物体系？在伊利诺伊盆地里，有着在地下朝几个方向延伸很多千米的巨大煤矿。朝那下边看，你肯定会注意到鳞木，这是一种已经灭绝的、与蕨类相似的物种，生活在 3 亿年前的原始沼泽里，后来变成了煤。在这种地方，可能存在着人们完全不了解的完整微生物生态系统，属于我们现在无法辨认的生命类型。它们可能非常异样，就算在显微镜那头瞪

着我们，我们也认不出来。

可能还有无数地方值得寻找。地球上大多数区域覆盖着海洋，洋面之下的潮湿土地远比洋面之上的干燥陆地要多得多。海底有数以十亿吨计的淤泥和碎石，也许淤泥中生活着完全不同类型的生命。在南极的冰层下面有一个淡水湖，已经有成百上千万年没有被任何地表生物接触过。在那没有光亮的寒冷世界里，可能曾有火花闪现，直到如今还驱动着异类生命形式。在喜马拉雅山和安第斯山脉，有一些异常偏远的地区，那里是否有异类生命形式存在的生态区位？也许异类生命的样本已经存在于人类的实验室里，只是被忽视了，因为它们在太多方面不同寻常。这些事例中的任何生物都是地球土生土长但对我们而言完全陌生的。想象一下：一个全新的生命域，不，一棵完全独立的生命之树，它是完全独立的第二次创始的成果。

我们必须着手进行这方面的探索，它可能带来一个全新的生命科学分支。不管第二次创始的生命形式是什么样，我都可以担保，它们应当与我们的祖先遵循了同样的规则。另一种生命可能走了另一条路，但我确信大家的进化规则都一样。

你也许会把这作为进化思维的外部局限。达尔文看着生物当前的样子，我们猜想着生物可能是什么样子。达尔文画下他的第一棵生命之树时，所看到的是将所有生物联系在一起的机制，我们则在寻找完全脱出这个体系的生物。不过，如果没有达尔文的发现，没有他的进化思维方式体现的那种钻研精神，这些全都不可能。

# 37 生命的宇宙法则

在这本书的结尾，我在思考进化旅程本身的结尾，不仅仅是人类进化，而是整个进化过程。很久以来我一直在好奇，是否存在什么宇宙层面的法则，影响着生命从一个星球到另一个星球的扩散。在地球上可以看到，生命会占据每一个可能的生态位，生物会迁徙到新环境中，产生新物种。生命是否注定要占据整个太阳系、银河系，最终扩散到整个宇宙？达尔文描述的“生命的斗争”驱动了我们这颗行星上的进化，也许在未来，这样的斗争会扩张到宇宙尺度。你和我是否被基因驱使着，去建造战舰、在宇宙中航行？哇，这样的想法只是写出来就能让我大吃一惊。

我在过去几章里谈到生命诞生于不同星球或随机从一颗行星漫游到另一颗行星的可能方式，这可能让你领会到了与上述理念相关的一些暗示。不难想象，有朝一日人类可能会开始有

意散播生命。我们在探索太阳系内部的行星、小行星和彗星时，就必须极其小心，以免带去地球上的微生物。如果经营太空的后人们决定建造外星殖民地，有意带上其他生物，会怎么样？为了理解从一个简单细胞发展到人类的过程，我们正着手绘制宏大的进化过程的蓝图。从一颗行星迁移到另一颗行星，甚至从一颗恒星迁移到另一颗恒星，与地球生命进化出来填满所有可能环境的方式完全一致。

虽然这只是非常遥远的、想象中的情形，但已经有人在评估事态的发展。人们可以有意在火星上播下经基因改造的细菌，以便某种程度上改变火星上的大气，使其含有更多的氧，从而变得更加宜居。为了某种目的，人们也可能在金星上空的云层里做同样的事。克雷格·文特尔提出了 DNA 传真的概念，就是读取火星上（可能存在的）生物的基因组，将数据传回地球，使人们能在地球上重新创造出火星生命。设想一下反过来做的可能性，并不离谱：我们可以把生物反应堆送到其他星球上，配备齐全的指令，组装出适合那边环境的微生物。

继续想下去会越来越狂野。如果我们在宇宙中并不孤独，也许就真的在宇宙中不孤独。如果银河系或宇宙中的每个文明都偶然或者故意做着同样的事，会是什么样？如果我们是某种星际播种计划的产物，就像星际规模的苹果种子传播者约翰[1]的跋涉，会怎么样？

---

[1] 本名约翰·查普曼（1774—1845），美国拓荒者、种植园主、传教士，以在西部地区拓展苹果种植而闻名。——译注

找到答案的唯一方法是坚持观察生物，更深入了解生命发展的过程。不管生命是怎样诞生的，进化都在这里发生着，不过现在我们可以有意义地追问自身的起源和命运。我们将要去到令人震撼的地方——无法想象的地方，只要我们对新观念开放头脑，我们的科研人员热衷于寻找重要证据，我们的年轻人永远保有好奇心。

我们从何而来？我们是否孤独？继续搜寻吧！

# 致　谢

如果没有我的父亲内德和母亲雅克，就不可能有这本书。他们非常看重科学，并盼望家人在学术领域取得成就。如果没有督促我做功课的姐姐苏珊，以及世界上我所知最搞笑、最有思想的人——我的哥哥达比，我也不会有今天。非常感谢我的学术界同事唐•普罗特罗、迈克尔•舍默和尤金妮娅•C. 斯科特，如果没有他们的指导，我在肯塔基的那场辩论以及这本书的很多内容都会一塌糊涂。尼娜 • 雅布隆斯基花了许多时间帮助我，还有我们优秀的核查员凯特 • 巴加利使书中有关肤色的内容准确而有说服力。谢谢你们！

我的合作者科瑞 • S. 鲍威尔以他那深厚的新闻学素养，说服我把自己的声音“封装”成简练的章节。我非常感激他的帮助。如果没有我可靠的代理人贝斯蒂 • 伯格和尼克 • 潘佩内拉，以及他们的助手艾瑞拉 • 马斯托安尼，这本书就不可能问世，谢谢大家。圣马丁出版社的詹妮弗·韦斯指引我完成这个项目，非常感谢你。另外，我必须万分感谢我可靠的律师安迪·萨尔特，以及我出色的助手克里斯汀·斯波萨里。

非常感谢我所有那些了不起的老师，特别是麦克刚那戈夫人、科克伦夫人、劳伦斯先生、弗劳尔斯先生、克罗斯先生、鲁斯卡小姐、莫尔斯先生、朗先生和萨根教授。这些人都对我产生了非同寻常的影响。如果没有他们，我会成为一个与现在大不相同的人。我实在非常幸运。

比尔·奈尔

于特拉华州海滩

我参与这个项目,其中有许多奇妙的偶然因素。童年的时候，妈妈没法回答我的恐龙问题时，她让我自己去找古生物学方面的导师。在《探索》杂志工作期间，蒂娜·伍登指导我与神创论者们进行了无数次谈话。《探索》杂志的另一位亲爱的同事帕姆·温特劳布敦促我成为一名更好的作家，并把我介绍给詹妮弗·韦斯，也就是为这本书付出许多心血的编辑。在我很多次看起来像是从家里消失时（这种行为既是理智的也是暂时的），我的妻子丽莎·吉福德大度地向我提供了支持。

我非常荣幸能与比尔·奈尔共事，他热情投身于传播知识和改变世界的事业，深深地激励了我。

科瑞·S. 鲍威尔

于布鲁克林某地